정조 「권농정윤음」
다산 「응지농정소」

君의 天은 民이요
民의 天은 食이라

金榮旭 지음

敎友社

서 문

이 책을 쓰게 된 동기를 솔식하게 말한다. 농업에 관한 책을 보다가 다산의 삼농을 소개한 내용을 접하게 되었다. 그 후로 기회 있을 때마다 다산의 삼농, 즉 편농(便農), 후농(厚農) 및 상농(上農)에 대한 인용을 해왔다. 그러나 정확한 출처를 찾지 못하여 다산의 저서와 자료들을 찾기 시작했다.

이것이 계기가 되어 대왕 정조, 학자 다산이라는 두 거물의 재주, 학문, 의리 등으로 얽힌 인간관계에 흥미가 있어 고서들을 뒤적거렸다. 정조조의 농업, 농정 및 농서에 대해서 새로운 사실과 예상외의 지식, 정보를 얻은 것이 많았다. 나만 알고 사장시키기가 아까운 생각이 들기도 했다.

농업분야에서 일하는 인사들은 농업문제를 제대로 풀어가기 위해서는 현재의 시각에서 보이는 것만 접근해서는 근치가 어렵다. 문제의 근원과 뿌리를 알아야 근치가 가능하고 치유가 빠르고 쉬울 것이다. 조선 후기의 농업은 현대 농업과 견줄만한 수준은 아니나 오늘날에도 새겨 보아야 할 정신과 진리가 있다.

비전문가가 역사서에 손을 대기까지 망설임이 많았다. 그러나 200여 년 전 농업으로부터 배워야 할 교훈을 찾을 수 있다는 믿음과 뛰어난 두 천재들의 지혜와 충고는 요즘도 유효한 가치가 있다는 확신 때문에 이 책을 세상에 내놓게 된 것이다.

저 자

차 례

1

정조, 위민(爲民)의 개혁정치

1. 임금생활 24년
2. 정조 비토그룹
3. 정학 및 사학배척
4. 통치이념과 개혁원칙
5. 민권향상을 위한 개혁
6. 왕권강화를 위한 개혁
7. 정조가 존경받는 이유

1. 임금생활 24년

(1) 8+17+24=49의 생

정조는 8세에 왕세손으로 책봉되어 17년간 동궁생활을 하였다. 24년간 왕위에 있었으며, 49세에 승하하였다. 인생의 절반을 임금의 자리에 있었다. 조선왕조 27대 왕들의 평균 재위기간이 18년, 평균수명 46세인 점에 비하면 왕직은 6년, 수명은 3년이 더 길다.

대체로 왕위에 오래 있었던 왕들이 업적과 역사적 평가를 좋게 받고 있음을 알고 있다. 세종 32년, 성종 25년, 선조 41년, 숙종 46년, 영조 52년의 다섯 임금이 여기에 속한다. 장수임금도 평가를 낮게 받는 경우도 많다. 고종 43년, 중종 39년, 순조 34년은 치적이 별로 없다.

영조, 정조 및 순조는 왜 종(宗)이 아니고 조(祖)가 붙었는가. 예기(禮記)에 의하면 공이 있는 왕은 조, 덕이 있는 왕은 조가 붙는다. 태조는 개국, 세조는 왕권강화, 선조는 임진왜란의 극복, 인조는 병자호란의 극복, 영조와 정조는 국가발전과 사회안정에 기여한 공을 인정할 수 있다. 그러나 순조는 수긍이 안간다. 순조와 세종은 묘호(廟號)가 잘못 붙여진 것 같다.

1. 조선왕의 재임기간 및 승하나이

순위	칭호	재임기간	재직연수	승하나이
제1대	태조	1392-1398	7년	73세
제2대	정종	1399-1400	2	62
제3대	태종	1401-1418	18	55
제4대	세종	1419-1450	32	53
제5대	문종	1451-1452	2	38
제6대	단종	1453-1454	2	16
제7대	세조	1455-1468	14	51
제8대	예종	1469-1469	1	19
제9대	성종	1470-1494	25	57
제10대	연산군	1495-1505	11	30
제11대	중종	1506-1544	39	56
제12대	인종	1545-1545	1	30
제13대	명종	1546-1567	22	33
제14대	선조	1568-1608	41	56
제15대	광해군	1609-1622	14	66
제16대	인조	1623-1649	27	54
제17대	효종	1650-1659	10	40

순위	칭호	재임기간	재직연수	승하나이
제18대	현종	1660-1674	15년	33세
제19대	숙종	1675-1720	46	59
제20대	경종	1721-1724	4	36
제21대	영조	1725-1776	52	82
제22대	정조	1777-1800	24	48
제23대	순조	1801-1834	34	44
제24대	현종	1835-1849	15	22
제25대	철종	1850-1863	14	32
제26대	고종	1864-1906	43	67
제27대	순종	1907-1910	4	52

① 27왕의 평균재위기간은 18년, 평균수명 46세

② 3년도 안된 단명왕 7인(예종, 정종, 문종, 단종, 경종, 순종, 인종)

③ 30년이상 장수왕 7인(영조, 숙종, 고종, 선조, 중종, 세종, 순조)

:: 2. 임금의 호칭 ::

조선왕조 27대 임금 중 죽은 뒤 종묘의 신위에 조(祖)가 붙은 임금은 7인, 종(宗)이 붙은 왕이 18인, 종묘에 신위조차 없는 군이 붙은 2인이 있다.

예기에 공이 있는 왕은 조, 덕이 있는 왕은 종이라 한 데서 유래한다. 7인의 조는 태조, 세조, 선조, 인조, 영조, 정조 및 순조 등이고, 2인의 군은 연산군과 광해군이다.

(2) 사도세자의 아들로 출생

정조는 영조의 손자이고, 사도세자의 아들이다. 어머니는 영의정 홍봉한의 딸 혜경궁 홍씨다. 정조는 영조 28년(1752년) 9월 22일 축시(丑時)에 사도세자와 혜경궁 홍씨의 차자로 태어났다. 이름은 산(祘), 호는 홍재(弘齋), 자는 형운(亨運)이다. 장남 의소가 있었으나, 1752년 3세의 나이로 죽었다.

영조 31년(1755년) 봄에 4세인 정조는 소학(小學)을 배우기 시작했다. 날이 밝기도 전에 일어나 독경하고 책을 손에서 놓지 않아 영조가 칭찬을 아끼지 않았다고 한다. 영조 33년(1757년)에는 영조비 정성왕후와 숙종계비 인원왕후가 한달 간격으로 별세하였다. 정조는 6세인데도 아침 저녁으로 곡을 하였고, 영조 35년에 왕비로 책봉된 정순왕후에 대해서도 깍듯이 모셨다고 전해진다.

3. 정조의 가계도

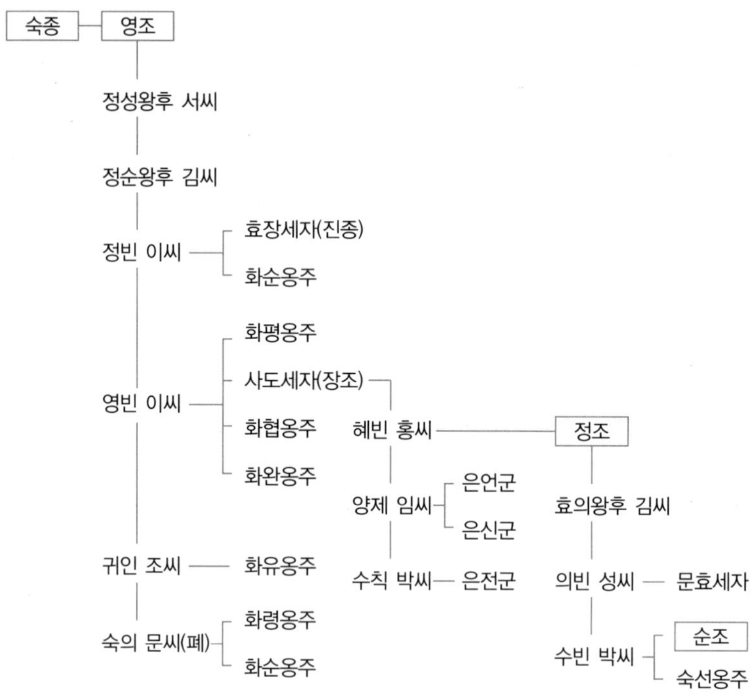
숙종
영조
정성왕후 서씨
정순왕후 김씨
정빈 이씨
효장세자(진종)
화순옹주
영빈 이씨
화평옹주
사도세자(장조)
화협옹주
화완옹주
귀인 조씨
화유옹주
숙의 문씨(폐)
화령옹주
화순옹주
혜빈 홍씨
양제 임씨
은언군
은신군
수칙 박씨
은전군
정조
효의왕후 김씨
의빈 성씨
문효세자
수빈 박씨
순조
숙선옹주

4. 영조왕비 정순왕후

정순왕후는 영조 35년(1759년) 15세로 66세인 영조 비로 간택된다. 정순왕후는 영조 21년(1745년) 여주에서 김한구의 딸로 태어나 순조 5년(1805년)에 61세로 죽는다. 정순왕후는 혜경궁 홍씨보다 열 살 아래였으나, 서열상 왕실의 최고 어른이었다.

정순왕후의 동생 김귀주는 외척당 남당을 만들어 외척당 북당의 홍봉한과 대항한다. 정순왕후는 정치적 인사로서 사도세자, 홍국영, 은언군의 제거에 앞장섰으며, 정조의 왕위계승을 반대한 노론 벽파의 후원자였다. 순조가 즉위하자 3년 반 동안 수렴청정을 하면서 역사를 되돌려 놓았다. 정조의 정책을 무로 돌리고 정조의 인맥을 박살낸다.

(3) 8세에 왕세자 책봉

영조 35년(1759년) 2월 8세인 정조는 왕세손에 책봉되었다. 영조 37년(1761년) 10세가 되자 많은 변화가 일어났다. 3월에는 성균관에 입학하였고, 관례(冠禮)를 하였다. 10월에는 세손빈으로 5인을 초간택하였다. 초간택은 경기감사 김시묵, 부사직 윤득양, 유학 유정렬, 참의 서응명 및 부사관 유인현의 딸들이 뽑혔다.

(4) 11세의 경사와 흉사

영조 38년(1762년) 2월 정조나이 11세가 되자 김시묵의 딸 효의왕후와 가례(嘉禮)를 올린다.

5월에는 나경언이 사도세자의 열 가지 비행을 고변함에 따라 영조는 5월 13일 왕세자를 폐서인하고 뒤주에 가둔다. 5월 21일 왕세자는 8일만에 숨을 거둔다. 영조가 고변서를 바로 불태워 버려 자세한 내용은 알려지지 않는다. 다만, 후궁인 양제 임씨를 죽인 사실, 비구니를 궁궐로 끌어들인 사실, 관서지방에 비밀 행차한 사실 등이 포함된 것으로 알려지고 있다.

:: 5. 망국동(亡國洞) 망정승(亡政丞) ::

혜경궁 홍씨의 아버지, 사도세자의 장인인 홍봉한은 노론의 영수이자 영의정으로서 막강한 권력을 가지고 있었다. 그러나 세자의 구명운동을 하지 않았고, 영조조치에 방조하는 태도를 보였다. 사도세자의 죽음에 책임이 있는 외척세력은 멸문을 막기 위해 정조의 왕위계승을 저지하는데 수단과 방법을 가리지 않았다. 세간에서는 안국동에 살고 있는 홍봉한을 망국동 망정승이라 불렀다고 한다.

(5) 효장세자 아들로 이적

정조 13세인 영조 40년(1764년)에는 사도세자(1735-1762년)의 이복형이자 영조의 장자였던 효장세자(1694-1728년)의 양아들로 입적된다. 죄인누명을 쓰고 죽은 차자의 후사보다 장자의 아들로서 왕권상속을 받아야 한다는 영조의 속뜻이 작용한 것이다.

(6) 이복형제들의 단죄

영조 47년(1771년) 세손나이 20세 봄에는 사도세자와 숙빈 임씨 소생인 18세의 은언군과 17세의 은신군을 정2품 이상이 사용하는 초헌(軺軒, 수레)과 교자(轎子, 가마) 그리고 늙은 재상이 타는 남여(藍輿, 뚜껑없는 가마)를 타고 다닌다하여 정배토록 명을 내렸다. 은신군은 제주도에서 죽고 은언군은 순조 1년에 신유사옥에 연루되어 사사되었다.

(7) 대리청정의 성공

영조 51년(1775년) 영조가 82세의 고령을 이유로 세손에게 대리정정을 명하였다. 그러나 홍인한 등이 빈대하자 영조는 격노한다. 이런 와중에 이조참판 서명선이 대리청정을 반대한 좌의정 홍익한과 전 영의정 한익모의 잘못에 대한 상소문을 올렸다. 영조는 대신들 앞에서 서명선에게 직접 상소문을 읽도록 명하였고, 상소문을 낭독하자 무릎을 치며 찬사를 보냈다 한다.

6. 삼불필지(三不必知)

영조는 병상에서 홍봉한의 동생인 좌의정 홍인한을 불러 세손의 대리청정 문제를 상의하였다. 영조는 묻기를

"세손이 노론과 소론, 남인과 북인의 사색당파에 대해서 알고 있느냐", "누가 병판을 맡고 누가 이판을 맡아야 하는지 알고 있느냐", "나라의 일과 조정의 일에 대해서 알고 있느냐"의 세 가지 물음에 홍인한은 세손이 세상 물정을 몰라 대리청정을 맡길 수 없다는 입장을 삼불필지로 표현한 것이다.

"동궁이 반드시 노론 소론을 알아야 하는 것도 아니고, 동궁이 반드시 이판 병판을 알아야 하는 것도 아니고, 동궁이 반드시 조정의 일을 알아야 하는 것도 아니다"고 대답한 것이다.

(8) 제 22대 왕으로 즉위

영조 52년(1776년) 3월 5일 묘시에 승하하였고, 3월 10일 정오에 조선 22대 왕으로 즉위하였다. 정조는 8세에 왕세자로 책봉되어 17년간 예비왕, 25세에 등극하여 24년간 왕위에 있었다. 인생의 절반을 왕으로 군림한 것이다.

정조(1752-1800년)는 인생의 전환점이 두 번 있었다. 한번은 11살 때 아버지 사도세자가 뒤주에서 죽임을 당하고 동궁으로 왕위계승권을 부여받은 사건이다. 또 한 번은 비토세력의 방해공작에도 불구하고 왕세손 지위를 지켰고, 마침내 즉위하게 된 운 좋은 사건이다.

2. 정조의 비토그룹

(1) 반 정조 세력

정조의 왕위계승을 반대하는 세력의 방해공작이 계속되었다. 정조가 왕이 되는 것을 반대한 그룹은 궁정세력, 외척세력 및 노론세력으로 나눌 수 있다. 이 세력들은 사도세자의 죽음에 일조했던 인사들이었으며, 정조의 대리청정과 왕위승계를 극구 반대해왔다. 그러나 영조의 세손에 대한 신임과 보호로 왕위에 오른 것이다.

비토그룹은 다섯 갈래의 세력들로 구성된다.

(a) 다수파인 노론세력,
(b) 외조부 홍봉한, 외종조부 홍인한 및 외삼촌 홍낙임,
(c) 영조의 계비 정순왕후와 친정 오빠 김귀주,
(d) 영조의 후궁 숙의 문씨와 오빠인 문성국,
(e) 고모 화완옹주와 양자 정후겸 등의 반대공작이 심했다.

(2) 반대의 대의명분

반대세력들은 자기가 살고, 가문이 살고, 파벌이 살기 위해 정조의 왕위승계를 반대해 왔다. 그러나 대의명분을 내세워 설득하고 위로해온 것이다. 다음과 같은 구절이 잘 보여준다.

① 죄인의 아들은 왕이 될 수 없다.
(罪人之子 不爲君王)

② 의리는 의리고, 애통은 애통이다.
(義理自義理 哀痛自哀痛)

③ 의리를 지키기 위해서는 가족도 끊어야 한다.
(大義滅親)

(3) 정찰명변(精察明辨)의 자세

정조는 왕세손 17년 동안 왕이 되기 위해 어떻게 해야 하는지 준비하고 조심하고 고민했을 것이다. 영조로부터 차기 임금으로서 자질과 실력을 인정받아야 하고, 실력자인 정순왕후와 고모 화완옹주의 미움을 받지 않아야 하며, 조정대신들의 지지와 장안의 여론에도 신경써야 했을 것이다.

어렸을 때부터 사람을 알아보고 상황을 파악하는 능력이 출중하고 판단력이 뛰어났다. 세밀하게 살피고 현명하게 판단한다. 즉, 정조가 독서의 자세로 강조했던 정찰명변(精察明辨)의 태도를 가지고 살았던 것이다.눈치가 빠르고 조심성이 많고 준비성이 있고 치밀함이 있었다고 전해진다. 공부를 열심히 하여 할아버지가 대신들 앞에서 자랑할 정도였고, 할아버지가 앓아누워 있으면 지극정성으로 병수발을 했고, 정순왕후도 혜경궁 홍씨 모시듯이 극진하게 모셨다고 한다. 매일 독서를 하고 일기를 썼다. 평소 생활도 근검(勤儉)하기로 소문나 있다. 살얼음판 걷듯 조심하고 칭찬받을 일만 하는 정조의 처세술은 왕이된 후에도 통치술로 이어진다.

정조가 노론 벽파인 심환지(1730-1802년) 한 사람에게 4년간(1796-1800년) 보낸 친필 사신 297통이 소개된 「정조어찰첩」을 보면 짐작할 수 있다. 평균 일주일에 2통을 보낸 셈인데 조석으로 하루에 2통을 보낸 경우가 많고, 경신년(1800년) 윤 4월 4일에는 아침, 낮, 저녁, 밤에 4통을 보낸 적도 있다. 그 내용도 다양하여 조정에서 논의할 사안들을 사전에 조율하고 의견을 제시하는 내용들이 많다. 민심동향, 인사천거, 인물평가, 상소권유, 정책협의 등이 많고, 건강 걱정과 선물 전달 등의 어찰도 보인다. 정조는 막후정치를 통해 설득과 합의를 유도했던 것 같다.

7. 독서에 임하는 태도

정조는 독서에 임하는 태도로써

① 정찰명변(精察明辨) (세밀하게 살펴 명석하게 판단한다)

② 체첩심신(體貼心身) (몸과 마음에 밀착되게 한다)의 두 가지 원칙을 들고, 이러한 마음가짐 없이는 아무리 많은 책을 읽을지라도 별 도움이 되지 못한다고 하였다.

3. 정학 및 사학배척

(1) 역사적 전환기

이 시기는 역사적으로 중요한 의미를 갖고 있다. 서방세계는 전제국가에서 시민사회로, 농업사회에서 산업사회로, 귀족중심사회에서 국민주권사회로 이행하는 역사적 전환기였다. 1776년 미국 독립선언, 1789년 프랑스혁명, 1780년부터 시작된 산업혁명 등으로 중세시대는 근대사회로 변모하고 있었다. 청나라도 태평성대를 맞으면서 서양문물을 받아들여 앞서 가고 있었다.

국내에서는 문벌, 지역 및 이념으로 분열된 사회를 통합하고, 전근대사회를 근대사회로 발전시키기 위한 기틀을 마련해야 하며, 구질서의 붕괴를 대체할 신질서를 형성할 중요한 시기라 할 수 있다.

(2) 정조의 생활학문

정조는 하루도 거르지 않고 책을 읽었고, 매일 일기를 쓴 것으로도 유명하다. 학문이 특별한 것이 아니고, 생활의 연장이고 생활의 일부라는 학문의 생활화를 주장하였다.

정조가 매일 반성하는 마음으로 하루를 돌아보고 단상을 기록한 어록집이 일득록(日得錄)이다. 어렸을 때부터 읽은 책을 상세하게 기록해둔 책이 독서기(讀書記)라는 책이다. 정조의 시문, 윤음과 하교 등 정조의 글을 집대성한 책이 홍재전서(弘齋全書)라는 책이다.

(3) 정학과 사학

정조의 학문은 정학(正學), 경학(經學) 및 실학(實學) 중심의 학풍이었다. 정학은 사학(邪學), 서학(西學) 및 속학(俗學)과 대칭되는 것으로서 주자학을 학문의 정도(正道)라 하였다. 정조는 학문을 경술(經術)로 구분하여 경(經)은 성인이 지은 글, 술(術)은 경을 제외한 모든 글이라 하였다. 주자학을 하기 전에 경학을 해야 한다며 경학을 중요하게 생각하였다. 실학은 정도(正道)와 실용(實用)에 합치되는 실용지학(實用之學)으로서, 실학지용(實學之用)이 아니면 무용지학(無用之學)이라는 입장이다.

(4) 사학배척론(邪學排斥論)

조선의 천주교는 정조 8년(1784년) 정약용의 매형 이승훈이 베이징에서 세례를 받고 천주교 책자와 물품을 가지고 온 후 전파되기 시작했다. 1785년에는 역관 김범우 집에서 천주교도들이 집회를 하다가 적발되었다. 김범우는 유배, 참석자들은 구속, 서적과 물품은 소각되었다. 이 사건을 을사추조적발사건(乙巳秋曹摘發事件)이라 한다.

정약용의 외사촌 윤지충이 1791년 어머니의 신주를 태워버리는 충격적인 진산사건(珍山事件)이 일어난다. 주모자인 윤지충과 권상연은 참수, 이승훈은 평택 현감에서 해직되고 귀향길에 오른다. 정조는 서양의 책들의 유입을 막고 유입된 서적들은 버리라는 특명을 내렸다. 정학을 일으키고 사학을 배척하라는 하교는 선진국으로 도약할 기회를 봉쇄한 조치였다.

8. 정조의 사학(邪學)배척 하교

"서양의 책이 우리나라에 들어온 지가 수백 년이 되었다. 사고(史庫)에는 무수한 서양서적들이 쌓여 있어, 이것들을 모두 내다 버리라고 특명을 내린 바 있다.

서학의 폐해가 사설(邪說)보다도 심하고 맹수보다도 더하다. 이런 폐단을 구제하기 위해서는 정학(正學)을 더욱 밝히는 것이 중요하다.

연전에 서양 책을 사서 들여온 이승훈(李承薰)에 대해서 털끝 하나 다치지 않게 하면서 집에서 편히 쉬게 해서야 되겠는가. 현감 이승훈을 예산현으로 귀양보내도록 하라."

4. 통치이념과 개혁원칙

정조는 위민(爲民)과 안민(安民)을 통치이념으로 삼아 강력한 군왕권(君王權)을 바탕으로 하되, 저절로 다스려지는 정치(無爲而治)를 추구하였다. 군왕에 의한 백성을 위한 군신의 개혁정치를 여망해 왔다.

정조의 개혁정치는 과거청산, 왕권강화, 민권향상 및 신분차별 해체와 우수인재 선발을 통한 사회통합에 개혁의 목표를 두고 강력한 개혁정치를 추진하였다. 개혁의 추진을 위해

(a) 우현좌척(右賢左戚, 척족을 물리치고 사림을 등용)

(b) 우문지치(右文之治, 학문과 학자를 우대하는 정치)

(c) 군사지도(君師之道, 임금과 스승의 입장에서 정치)

(d) 의리탕평(義理蕩平, 노론, 소론, 남인의 상호견제)

(e) 교속지정(矯俗之正, 신하들의 잘못된 습속을 시정)의 5대 명분과 원칙을 내세웠다.

(1) 우현좌척의 원칙

정조는 왕실 척족의 발호와 외척의 각축으로 인한 폐단을 없애기 위해 특권세력을 과감하게 차단하였다. 서얼, 당파, 문벌의 차별없이 인재를 선발하여 새로운 정치세력을 형성하게 되었다. 이들이 점차 정조의 친위세력을 이루게 된다.

(2) 군사지위의 역할

정조는 학문을 생활화한 임금답게 신하들에게 독서를 독려하고, 담론과 토론을 통하여 신하들을 교육시켰다. 학문을 바탕으로 정치를 하였다. 임금과 스승의 위치를 겸한 군사지위(君師之位)군주였던 것이다. 실제로 성균관, 규장각 및 초계문신제도 등을 통하여 문풍을 진작시켰다.

(3) 우문지치의 유지

학문과 문장을 숭상하고 학자를 우대하는 정치 즉, 우문지치(右文之治)를 지향한 것이다. 정조는 신분을 불문하고 인재의 발굴, 교육, 등용에 남다른 관심을 가지고 있었다. 규장각과 초계문신제도를 통해 실천한 것이다.

그러나 정조는 문약한 임금이 아니라 무예도 뛰어난 문무를 겸비한 임금이었다. 활쏘기도 무사들보다 뛰어나 신궁으로 통했으며, 조선왕조사에서 보기 드문 무인기질을 가지고 있었다. 무인 군주의 위용은 신하들을 압도하였고, 군권을 완전히 장악하기에 이른 것이다.

(4) 의리탕평의 고수

의리탕평은 사(私)를 배제하고 공(公)을 지키는 것이다. 가문과 당파의 사리(私利)를 멀리하고 의리를 지켜나간 것이다. 영조의 탕평정치를 계승하면서도 그 폐단을 반복하지 않겠다는 것이다.

궁극적으로 노론, 소론, 남인의 삼각구도를 유지하여 조정자로서 역할수행을 도모하게 된다.

(5) 교속지정의 지속

남인영수 채제공이 1792년(정조 16년)에 물러나고 노론 시파가 권력을 장악한다. 시파는 김조순, 심상규, 남공철, 이만수, 서영보가 시파정권의 핵심세력이었다. 정조는 교속(矯俗)의 명분을 내세워 정국 주도를 시도하였다. 1795년에는 김종

수,심환지 등 벽파가 중용된다.

1799년 채제공과 김종수의 서거로 탕평의 중심인물이 사라지자 친위관료들을 배치한다. 정조의 교속을 통한 왕권강화 의도는 벽파의 외면으로 한계에 부딪친다.

5. 민권향상을 위한 개혁

(1) 민의수렴과 위민정치

정조는 위민정치(爲民政治)를 표방하고, 백성이 원하는 소리(民願)를 듣고, 백성이 당하는 고통(民怨)을 풀어주며, 백성이 편안한 생활(民生)과 사람다운 대우(民權)를 누릴 수 있도록 여러 가지 노력을 기울였다.

백성의 억울한 소리와 바라는 소리를 듣기 위해 언로를 확대하고, 민정기능을 확대하였다. 즉, ① 백성의 상언 (上言)과 격쟁(擊錚) 허용, ② 임금의 원행 강화, ③ 암행어사의 파견 확대와 측근 파견, ④ 지방수령의 통제 강화와 측근 임명 등의 조치를 취했다.

민원을 호소하는 제도인 신문고(申聞鼓)가 양반과 서울에 한정된 점을 보완하기 위해 상언과 격쟁이 도입되었으나, 남용되는 폐단을 막기 위해 제약을 강화해 왔다. 그러나 정조대에는 민의수렴의 수단으로 상언과 격쟁을 활성화하였다.

정조는 어사를 가장 많이 활용한 임금이었다. 재위 25년간 113회 파견하였고, 자신이 양성한 규장각 초계문신들을 어사로 파견하여 백성의 소리를 가감없이 들었다.

:: 9. 상언과 격쟁 ::

상언(上言)은 억울함을 글로 써서 왕에게 직접 호소하는 방법으로 문자에 익숙한 상류 계층이 주로 이용하는 제도다. 격쟁은 왕이 행차할 때 징이나 북을 쳐서 관심을 끈 다음 민원을 직소하는 방식으로 글을 모르는 하류 계층이 주로 이용했다.

정조대에 상언과 격쟁은 5,000여 건에 달하였고, 그 중 상언이 3,000여 건을 차지한 것으로 나타났다.

정조시대 상언과 격쟁의 내용은 다섯 가지로 분류된다.

첫째, 각종 은전을 요구하는 간은(干恩)

둘째, 비리와 수탈을 호소하는 민은(民隱)

셋째, 산람의 소유와 묘지에 관한 다툼인 산송(山訟)

넷째, 범죄와 관련된 내용을 호소하는 신원(伸寃)

다섯째, 입양과 후사에 관해 문의하는 입후(立侯) 등이다.

이 중 간은이 약 55%를 차지하여 압도적으로 많았다.

:: 10. **암행어사** ::

암행어사 제도는 16세기 초 중종시대에 도입되었다. 암행어사는 임금 임무의 대행자로서 임금이 비밀리에 직접 임명하므로 임금 이외에는 모른다. 암행어사는 수령의 부정을 몰래 조사하는 암행어사(暗行御史)와 특별한 임무를 명받고 비단옷을 입고 업무를 수행하는 별견어사(別遣御使)로 구분된다.

암행어사로 임명받으면 임금으로부터 봉서(封書), 마패(馬牌)와 유척(鍮尺)을 받고 바로 도성을 떠나야 한다. 봉서는 임무 명령이 적혀 있고, 남대문 바깥에서 뜯어보아야 한다. 행선지를 알리거나 봉서를 도성 안에서 보면, 임명이 취소되고 처벌받는다.

(2) 탕평정치 계승

정조는 영조의 탕평책을 계승할 방침임을 분명히 밝힌다. 계지술사(繼志述事), 이른바 선왕의 유지를 계승하여 정사를 해나갈 방침임을 즉위년에 선언한다. 조정 신하에게 당파제거를 당부하는 하교를 내려 탕평 실천을 강조하였다.

탕평정치의 목표를 첫째, 각 당파의 옳고그름을 가리는 시비논쟁의 종식, 둘째, 문벌과 지역 간의 균형 유지을 할 수 있는 공직인사, 셋째, 서류 등용과 공직 교육을 통한 유능한 인재의 육성과 학문 정치의 실천, 넷째, 지방수령에 대한 통제와 군통수권을 강화하여 확고한 왕권의 확립에 두고 있었다.

우선 노론, 소론, 남인, 북인 등 붕당의 호칭을 왕 앞에서나 상소문에 언급하는 것을 금지하였다. 붕당의 명칭 대신 완론(緩論)과 준론(峻論), 탁론(濁論)과 청론(淸論), 시파(時派)와 벽파(辟派) 등의 호칭이 사용되었다.

영조시대 탕평정치를 이끈 주체세력은 노론과 소론의 온건파인 완론, 이른바 탕평당이었다. 탕평당은 영조의 지지세력이었으나 정치적 이해관계는 달랐다.

정조시대 탕평정치 주체세력은 영조시대 탕평당을 비판해왔던 강경파인 준론, 즉 청류당이었다. 정조는 영조의 탕평정책을 계승하면서도 폐해를 제거하려 했다.

영조시대 탕평은 붕당 타파를 강조했으나, 새로운 붕당을 낳고 특권세력이 생겨났다. 정조는 붕당과 당파의 견제와 균형을 유지하고 특권세력의 발호를 막기 위해 노력했다.

이런 의미에서 정조의 탕평을 "의리의 탕평"이라고 한다.

정조는 탕평의 실천을 위해 인사의 탕평을 강조하였다. 인재의 등용은 당파, 신분 및 문벌을 보지 않고, 인물 본위로 하겠다는 입장이다. 사람의 그릇에 맞게 인물을 쓰겠다는 것이다(不拂其性 各適其器).

:: 11. **탕평에 노력하라는 하교** ::

"선대왕께서 50년 동안 탕평(蕩平)에 심혈을 기울여 왔다. 탕평은 편당을 없애고 물아(物我)의 색깔을 구별하지 않는 것인데 탕평당이 구당보다도 심한 것이 사실이다. 충신과 역적이 구분되고 옳고그름이 밝혀지면 이 당도 나의 신하고 저 당도 내 신하다. 모두 같은 방안의 사람이고 한 배에서 나온 사람들이다.

근래 외척의 폐해와 세도의 근심은 덜었으나 당파 한 가지만 마무리 짓지 못하고 있다. 조정 신하들은 이 당 저 당 하지 말고 대동의 경지에서 옛날의 폐습을 없애라.

지금부터 나는 인물을 쓰거나 버릴 때 당목(黨目)을 생각하지 않고 오직 인물의 됨됨이만 보고 쓰거나 버릴 것이다. 대소 신료들도 이 두 글자를 마음에 두거나 입 밖에 내지 말기 바란다."

(3) 서류허통(庶流許通)

정조는 1777년(정조 원년) 서류 중 재주가 뛰어나 나라에서 쓸 만한 사람을 등용하라는 서류허통절목(庶流許通節目), 이른바 정유절목을 발표하였다. 이를 계기로 중앙에서는 박제가, 이덕무, 유득공, 서이수 등 양반서얼들이 관직에 올랐다. 그러나 지방에서는 제대로 이행되지 않았다. 1778년에는 서얼 유생 3,272명이 서원과 향교에서 서얼의 참여를 금지하고 있다는 상소를 올렸다. 점차 서얼의 신분상승운동이 확산되었다.

서얼차별은 고려시대에는 일반화되지 않았으나, 조선초 태종 때부터 생겨났다. 경국대전에서 신분세습이 제도화되었다. 1894년 갑오경장으로 신분제도가 없어질 때까지 서얼차별은 계속되었다.

(4) 노비추쇄관(奴婢推刷官) 폐지

정조는 노비의 생사와 노비의 명단을 작성하고 관리하는 추쇄관의 농간이 심해지자 노비추쇄법을 폐지하였다. 노비추쇄관과 노비추쇄도감은 폐지되었다. 노비추쇄도감은 도망친 노비를 잡아들이는 기관이었다.

임진왜란 중 노비문서가 소실됨에 따라 노비들이 모두 도망쳤다. 조선시대 공노비는 20만명에 달하였다. 도망친 노비를 잡는다고 소란이 많았으나 실적은 부진하였고, 양민을 노비로 만든 경우도 있었다.

(5) 궁녀제도의 폐지시도

정조는 궁녀제도를 폐지하는 조치를 하고, 대전의 궁녀부터 없앨 것을 명하였다. 그러나 대비전과 왕비전의 반대로 무산되었다.

궁궐에서 일하는 궁녀는 상궁, 나인, 무수리 및 각심의 네 계층으로 분류하였다. 궁녀의 품계는 정9품부터 정5품까지 10등급으로 구분되었다. 그러나 무수리와 각심은 막일을 하는 궁인으로 승진 기회도 없었다. 조선시대 궁녀 수는 500여 명으로 추산되고 있다.

(6) 형벌권 제한과 사형금지

정조는 남형의 방지와 민권의 보호를 위해 형벌의 기준과 형벌의 도구를 구체적으로 설명한 "흠휼전칙(欽恤典則)"을 1778년에 반포하였다. 특히, 죄수들의 목에 형틀을 씌우지 말고, 처자에 대해 연좌죄 적용을 하지 말 것이며, 유배지에서 처자들이 수발을 들 수 있도록 하였다. 관아와 서원에서 백성들에게 사형(私刑)을 가하거나 남형(濫刑)하는 일이 많았다. 따라서 정조는 관리들의 남형(濫刑)과 양반들의 사형(私刑)을 막는 데에 힘썼다.

12. 형벌제도

조선시대 범법자에 대한 형벌은 대명률의 오형을 근간으로 하였으며, 명률의 오형에 새로운 징벌을 추가하거나 변형하였다. 오형은 ① 태형(笞刑): 경범에 대해 작은 막대기로 볼기를 치는 형벌, ② 장형(杖刑): 태형보다 큰 막대기로 볼기를 치는 형벌, ③ 도형(徒刑): 징역(懲役)과 노역(勞役)을 병과하는 형벌, ④ 유형(流刑): 유배를 보내는 무기형, ⑤ 사형(死刑): 중죄를 범한 사람을 죽이는 형벌 등 다섯 가지를 말한다.

13. 사형제도

사형은 목을 졸라 죽이는 교수(絞首), 목을 베어 죽이는 참수(斬首), 약을 먹여 죽이는 사사(賜死), 몸을 찢어 죽이는 능지처참(陵遲處斬), 삶아 죽이는 증살(蒸殺), 사지를 잘라 죽이는 사지해(四肢解) 등이 있다.

이미 죽은 시신에 대한 형벌도 있다. 죽은 시신의 목을 베는 육시(戮屍), 관을 쪼개고 시신을 토막내는 부관참시(剖棺斬屍) 등이 있고, 죽인 후 시신을 전시하는 기시(棄市), 효수(梟首), 거열(車裂) 및 지해(支解) 등이 있었다.

6. 왕권강화를 위한 개혁

(1) 비토그룹의 제거

정조는 외척(外戚), 근신(近臣), 궁중(宮中) 인맥에 의한 귀근지폐(貴近之弊)를 없애려고 힘써 왔다. 이를 위해 인적청산의 길을 열었다. 영조의 외척세력, 궁중 이해집단, 측근 신하들을 제거한 것이다. 영조 말기에 정치적 혼란을 초래하고 정조의 즉위를 방해한 세력을 먼저 처벌한다.

① 홍인한 사사

외척의 대표적인 인물은 혜경궁 홍씨의 아버지이자 정조의 외할아버지인 홍봉한이었다. 정조는 외조부 대신 동생 홍인한을 여산으로 유배 조치하였다. 외종조부 홍인한은 동궁삼불필지(東宮三不必知)를 통해 정조의 대리청정과 왕위계승을 막기 위해 정조세력의 제거에 앞장섰던 인물이다.

1776년 4월 11일 홍인한을 여산으로 귀양 보내고, 6월 23

일 홍인한을 고금도에 위리안치하도록 명한다. 7월 5일 홍인한을 사사(賜死)한다.

2 정후겸 사사 및 화완옹주 정배

정조는 즉위년 3월 25일 화원옹주 양자 정후겸을 경원부로 귀양보냈다. 7월 5일 정후겸은 홍인한과 같은 날 사사되었다.

정조 2년 6월 21일 화완옹주의 작호를 삭탈하고 강화도 교동에 안치시켰다. 정조 6년 12월 6일 유배를 해제하였으며, 정조 23년 3월 4일 정조는 죄를 모두 용서하였다.

3 김귀주 귀양

정순왕후의 오빠인 김귀주는 대표적인 외척세력이었다. 김귀주는 1777년에 흑산도로 유배됨으로써 외척 세력은 일단 제어되었다. 외척의 발호와 횡포를 차단한 것이다.

(2) 측근세력 축출

홍국영(洪國榮, 1748-1781년)은 1772년에 과거에 급제하여 정조와 인연을 맺었으며, 정조와는 처남과 매부사이로서 정조의 정치적 동지이자 참모였다. 정조의 즉위에 일등공신인 홍국영은 정조보다 4세 많은 젊은 나이에 도승지와 대사헌 등

실권을 장악하여 세도를 부렸다.

홍국영은 누이 원빈 홍씨를 정조의 후궁으로 보냈으나, 1년 만에 자식도 없이 죽자, 정조의 이복동생 은언군의 아들을 원빈의 양자로 삼아 왕세자 책봉을 시도하였다. 이것이 빌미가 되어 1779년 정조와 만난 지 7년, 세도정치 3년 만에 32세로 축출되고, 1781년 고향 강릉에서 34세의 젊은 나이로 죽었다.

(3) 신해통공과 갑인통공

신해통공(辛亥通共)은 1791년 좌의정 채제공의 건의에 따라 단행된 통공발매정책으로 상품의 유통을 바꾸어 놓은 획기적 정책이다. 육의전에 일정한 국역을 부담시키는 조건으로 독점판매권을 주고 난전을 금지하였던 것이다. 육의전(六矣廛)은 면포(綿布), 비단, 종이, 어물, 삼베, 모시 등을 취급하는 상점이다.

그러나 난전이 급격하게 늘어나면서 시장질서와 유통구조의 문란, 매점매석(買占賣惜)으로 인한 물가 폭등, 영세상인의 몰락으로 백성들이 고통을 겪게 된다. 본래 취지대로 육의전만 독점권을 부여하고, 나머지 모든 상인의 독점판매권을 폐지한 것이다.

신해통공은 물가안정, 물자유통, 시장질서, 상인보호 이외에 정치적 목적도 있었다. 일부 특권상인들은 노론 실세들과 연결되어 있었다. 이를 차단하여 노론을 견제하기 위한 정치적 의도도 있었던 것이다.

갑인통공(甲寅通共)은 1791년 신해통공 이후 부작용이 문제가 되자 어물전(魚物廛)과 청포전(靑布廛)을 육의전에서 제외하고 포전(布廛)을 대신 포함시킨 조치를 말한다.

:: 14. **채제공**(蔡濟恭, 1720-1799년) ::

채제공은 사도세자의 죽임을 반대한 것으로 유명하다. 정조의 개혁추진을 적극적으로 도운 인물이며, 신해통공 개혁을 주도하였다. 수원유수로서 화성 축조를 건의하여 건설을 지휘했다. 남인으로서 노론의 소굴에서 정국을 주도한 재상이었다. 영의정, 좌의정 및 우의정을 한 사람이 도맡아 하는 독상(獨相)을 5년간이나 지냈다.

(4) 규장각 개편과 초계문신 임명

정조는 우수한 인재의 등용과 육성에 남다른 집념을 보였다. 정조 즉위년(1776년)에는 재능있는 재야 선비들을 발탁하라는 하교를 내리고, 2년의 대고에서는 인재양성을 위한 교육과정과 교육방법을 개혁하고, 인재선발을 위한 과거 시험도 불신과 요행을 바라는 병폐를 개선해야 한다고 지적하고 있다.

인재 양성을 위해서 규장각(奎章閣)의 설치와 초계문신(抄啓文臣)제도를 도입하였다. 규장각 조직은 6명의 각신(閣臣)과 서류출신 학자들이 검서관으로 선발된다. 각신은 정조의 신임이 두터운 문신들이 임명되며, 정조대에 모두 38명이 각신을 역임했다. 초계문신은 과거에 급제한 37세 미만의 문신으로 규장각에서 교육을 받게 된다. 정조대에 초계문신에 선발된 문신은 모두 138명에 달하였다. 각신과 초계문신은 정조의 친위세력이었으며 출세도 빨랐다. 대표적인 인물로는 채제공 각신, 박제가 검서관, 정약용 초계문신 등이 있다.

(5) 장용영 설치 및 군제개편

융정(戎政)은 군사를 다스리는 정치이다. 정조는 군권이 임금의 손을 떠나 노론 세도가들의 손아귀에 있고, 점차 사병화(私兵化)하고 가병(家兵)으로 변해가는 것을 우려해 왔다. 정조는 총 37회에 걸쳐 무과시험을 실시하여 무사들을 발탁했다. 정조 9년(1785년)에는 경호부대 장용위(壯勇衛)를 설치하였고, 정조 15년(1791년)에는 장용영(壯勇營)으로 확대 개편하였다. 처음 30명의 무사로 출발했으나, 1만 8천명의 부대로 위용을 갖추게 된 것이다.

전국을 5군영으로 분할하여 관장하고 있었으나, 노론세력과의 연결고리를 끊고 임금의 통제권을 강화하기 위해 각 군영의 대장과 간부들은 장용영에서 일정 기간 근무하도록 하였다. 정조는 규장각과 장용영의 정비를 통하여 문무의 권력을 장악하게 되었다.

(6) 화성 축조와 신도시 건설

정조는 1789년 양주에 있던 사도세자의 능침을 수원 남쪽의 화산으로 이장하고 명칭도 영우원(永祐園)에서 현륭원(顯隆園)으로 바꾸었다. 그 후 1793년 정조는 수원을 화성으로 이름을 바꾸고, 그 이듬해에 화성 축조 10개년 계획을 발표하였다. 1794년에 착수한 사업은 2년 6개월만인 1796년에 완공되었다.

화성 신도시의 건설은 정조가 10년 후를 내다 본 원대한 정국구도인 갑자년 구상(甲子年 構想)에 의한 것이었다. 즉, 1804년 갑자년 구상은 세자가 15세가 되고, 혜경궁이 70세가 되는 해이므로 왕위를 물러나 화성으로 은퇴한다는 구상을 말한다.

화성성역(華城城役)이라는 신도시 건설사업은 정조 18년(1794년)에 착공하여 1805년에 완공한다는 목표였다. 그러나 34개월만인 정조 20년(1796년)에 마무리되었다. 화성 신도시는 성곽 건설, 도로 정비, 도시기반시설 및 산업진흥시설 등 주민생활과 산업활동에 필요한 기반을 갖춘 신도시로 부상하였다.

7. 정조가 존경받는 이유

조선왕조 27대 임금 중 세종과 정조가 가장 뛰어난 군왕으로 평가되고 있다. 정조의 행장을 보면 비록 과장된 것이라 해도 짐작할 수 있다. 몇 군데를 발췌하여 요약해 본다.

총명하고, 인자하며, 검소했다. 좌우에 책을 두고 밤을 낮삼아 독서와 사색을 했다. 왕도를 존중하고 패도를 취하지 않았으며, 현자를 신임하고 척리를 멀리 했으며, 허례를 버리고 내실을 취했다고 한다.

백성의 질고를 살피고 백성의 고통을 걱정했으며, 풍년을 기원하고, 흉년이 들면 백성들 돕는 일에만 전념했다고 표현하였다. 넓은 도량은 태조, 빛난 문장은 세종, 무예에 밝기는 광묘, 용단 있기는 숙종을 닮았다는 글도 있다.

이로 미루어 보면, 정조는 총명, 인자, 학문, 도량, 용단, 위민 및 검소 등의 일곱 가지 특성을 가지고 있었던 것 같다. 정찰명변(精察明辨)과 독서궁리(讀書窮理)를 바탕으로 정책을 결정하고, 위민 · 탕평 · 학문정신으로 모든 백성에게 도움을 주는 정치를 한 결과일 것이다.

이를 다섯 가지로 정리해 볼 수 있다.

① 지식층, 양반층 및 지배층의 지지를 받았다.

탕평정치와 학문정치의 표방으로 명분을, 과거제도나 토지제도 등 이해관계가 깊은 문제들은 개혁을 피함으로써 실리를 주었기 때문이다.

② 사회의 불만세력인 서얼과 노비층의 민심을 얻었다. 서류허통과 노비추쇄법 폐지 등으로 소외층의 불만을 완화한 것이다.

③ 서민들은 백성들에게 억울함을 호소할 수 있는 언로를 넓혀 주고, 사형(私刑) 금지와 형벌권을 제한한 조치로 심리적 위안을 얻었을 것이다.

④ 임금이 백성을 상대로 윤음을 반포하고, 백성들의 의견을 듣는 민의수렴 절차의 도입은 임금을 가까이 느낄 기회가 되었을 것이다.

⑤ 영조의 치적과 후광, 사도세자의 아들, 한중록을 썼던 혜경궁 홍씨의 아들이라는 점도 유명을 높이는데 작용했을 것으로 생각된다.

이 외에도 정조 재임 24년 동안 외침과 전쟁이 없었고, 반란과 반정도 없었으며, 당쟁과 척신의 발호도 차단함으로써 정치적 안정을 이룩하였다.

왕권을 강화하되 권력 남용을 제한했으며, 인권 향상과 민생구제, 농공상의 산업진흥 등 민본과 민의에 바탕을 두고 민생과 민권 향상에 기여한 것이다.

학문진작과 문예진흥을 통하여 문화부흥기를 가져온 문화군주이기도 하였다. 정조는 임금이었고 학사였으며, 시인이자 문장가였다.

개혁을 추진하면서 과격과 파격을 피하고, 점진과 설득의 개혁을 함으로써 사회갈등과 혼란을 줄인 것도 개혁의 성공과 정조의 존경과 연관이 있다 할 것이다.

15. 유배제도

유배(流配)는 귀양 보내는 무기형의 형벌로서 사형 다음의 중형에 해당한다. 삼국시대부터 조선시대까지 존치한 특유한 제도였다. 유형의 종류는 죄가 중할수록 원격지로 보내졌으며, 원지정배(遠地定配), 극변정배(極邊定配), 변원정배(邊遠定配) 및 절도정배(絕島定配) 등으로 구분한다. 유배지에서도 울타리를 치고 거주를 제한하는 위리안치(圍籬安置)가 있다.

귀양길은 벼슬을 한 사람은 역에서 말과 노새를 얻어타고 갔고, 벼슬하지 않은 사람은 자기가 말을 준비하거나 걸어갔다. 백사 이항복이 인목대비의 폐위를 반대하다 북청으로 귀양을 가게 되었다. 서울에서 북청까지 가는데 한 달이 걸렸고, 지나는 곳마다 수령들이 접대하였다는 기록이 있다.

압송책임자는 귀양대상자의 직급과 죄의 경중에 따라 지정되었는데, 정2품 이상과 위리안치 대상은 의금부 정5품의 도사가 지명되었다.

귀양지에서는 관에서 묵을 집을 정해주었고, 식사는 지정된 집이나 동네에서 부담하였다. 다산은 유배지 강진 인근 해남의 외가 윤선도가로부터 도움을 받아 학문에 정진할 수 있었다.

다산은 외가에 연락하여 1000여 권의 잡학서를 배치하였고, 1808-1818년의 10년간 학문과 저술에 전념할 수 있었다.

2

다산, 균민(均民)의 개혁정신

1. 유배생활 18년
2. 운명적 사건들
3. 벼슬길과 좌절
4. 유배생활 대차대조표
5. 학문세계와 개혁정신
6. 임금과 신하의 도리
7. 다산이 왕따 당한 이유

1. 유배생활 18년

(1) 18+10+12+18+18=76의 인생

다산의 일생 75년(1762-1836년)을 성장기 18년(1762-1779년), 도전기 10년(1779-1789년), 출세기 12년(1789-1800년), 유배기 18년(1801-1818년), 칩거기 18년(1818-1836년) 등 다섯 단계로 나누어 볼 수 있다. 성장기는 출생하여 18세인 1779년에 부친의 명에 따라 본격적인 과거시험 준비에 들어갈 때까지로 볼 수 있다. 이 기간에 혼인하여 일가를 이룬다.

도전기는 1779년 서울에서 과거준비생으로 정조와 만나고, 천주교 신자가 되고, 대과에 응시하는 시기라 할 수 있다. 연이은 낙방에도 불구하고 10년의 세월을 대과 급제를 위해 보낸다.

출세기는 28세에 대과에 급제한 후 정조의 신임을 받아 출세가도를 달리던 12년 동안의 시절을 말한다, 1789년부터

1800년까지로 채제공의 뒤를 이을 인물로 촉망받아 왔으나, 정조의 급서로 죄인으로서 단죄를 받게 된다.

유배기는 40세부터 57세까지 18년간 강진에서 유배생활을 했던 시기를 유배기로 구분한다, 이 기간은 다산이 학문에 정진하고, 왕성한 저술활동을 하던 시기다.

칩거기는 57세에 유배생활에서 풀려나 벼슬길을 마다하고 고향에서 조용히 보낸 황혼기다. 18년간 은둔생활을 하다 75세에 여생을 마친다.

(2) 가문과 성장

다산은 정조보다 10년 늦은 1762년 6월에 경기도 팔당호 인근 마제에서 출생했다. 아버지 정재원(丁載遠)은 지방수령을 지내다가 1762년 임오화변으로 사도세자가 죽자 고향에 내려가 농사나 짓고 살자는 심정으로 귀향한다. 이 해에 다산이 태어나자 아명을 귀농이라 했다. 정재원은 정조가 왕위에 오르자 호조좌랑과 한성서윤을 지냈다. 어머니 해남 윤씨는 윤두서의 손녀다.

아명은 귀농(歸農), 이름은 정약용(丁若鏞), 호는 다산(茶山) · 사암(俟菴) · 삼미자(三眉子) 등이며, 당호는 여유당(與猶堂)이다. 그러나 두 살에 천연두를 앓고 난 후 눈썹이 세 갈래가 되었다. 다산은 본인의 호를 스스로 삼미자 (三眉子)라 하였다. 다산이란 호는 1808년에 유배지에서 지은 것이다.

아홉 살 때 어머니 윤씨가 43세로 세상을 떠났다. 정조의 생부 사도세자가 정조 나이 열한 살에 사별한 것과 대비된다. 정조와 다산은 결손가정에서 성장기를 보냈다는 공통점이 있다.

다산은 1776년 열다섯 살 때 병마절도사 홍화보의 딸 홍씨를 아내로 맞는다. 다산은 결혼 전까지 계모와 형수들의 보살핌을 받았으며, 아버지로부터 글을 배웠다.

다산의 형제는 정약현, 정약전, 정약종과 정약용의 4형제였으며, 다산은 넷째다. 정약현(1751-1821년)은 이복 맏형이며, 부인이 이벽의 누이였고, 황사영이 사위였다.

정약전(1758-1816년)은 둘째형이며, 문과에 급제하여 병조좌랑을 지냈으나, 흑산도로 유배되어 유배지에서 숨을 거둔다. 「자산어보」의 저자로도 유명하다. 정약종(1760-1801년)은 다산의 막내 형이다. 1801년 천주교와 연루되어 정약종 참수형, 정약전과 정약용은 유배형을 받았다. 정약전은 유배지 흑산도에서 숨을 거두었다. 다산의 집안은 천주교로 인해 풍비박산이 난 것이다.

(3) 도움을 준 인물들

다산의 인생에 영향을 준 친인척 중 외조부 윤두서, 형 정약전 그리고 채제공을 들 수 있다.

① 윤두서(尹斗緖, 1668-1715)는 윤선도(尹善道, 1587-1671년)의 증손자이자 다산의 외조부가 된다. 윤두서는 인물화와 산수화에 뛰어난 화가였으며, 자화상은 걸작으로 꼽힌다. 다산은 외조부가 그린 조선과 일본의 지도를 보고 탄복하였다한다. 예술가 집안인 외가의 가문을 자랑스럽게 생각했으며, 외가 친척들과 친하게 지냈다.

② 정약전(丁若銓, 1758-1816년)은 다산의 친형이자 친구였다. 문과에 급제하여 초계문신을 거쳐 병조좌랑을 지냈다. 천주교도에 연루되어 신유박해로 흑산도로 유배되어 유배지에서 숨을 거둔다. 유배지에서 다산의 초고를 읽고 평을 해준 것으로 알려져 있다.

③ 채제공(蔡濟恭, 1720-1799년): 다산의 여동생이 채제공 아들과 결혼했다. 사도세자의 죽임을 만류했으며, 정조 개혁의 선봉에 섰던 명재상으로 5년간 독상(獨相)을 지냈고, 남인

의 영수로 다산을 후원한 인물이다. 1798년 관직을 그만두고 1799년에 사망하였으나, 1800년 정조가 죽자 그의 관직을 추탈하고 그의 공적을 폄하하게 된다.

(4) 고통을 준 인물들

다음으로 다산의 일생에 영향을 준 인물들은 사돈 관계에 있던 이승훈, 이벽, 이가환 등으로 다산이 천주교인이 되는데 결정적인 역할을 하였다. 남인의 거두로서 다산을 아꼈던 채제공과 백서사건의 황사명 등도 사돈관계였다.

① 이승훈(李承薰, 1756-1801년): 조선 최초로 세례를 받고 1784년 베이징에서 서양도서를 들여와 천주교를 정착시킨 개척자다. 다산의 자형이다.

② 이벽(李檗, 1754-1785년): 큰형의 처남이다. 다산에게 천주교를 소개했으며, 천주교 조직을 만들고, 이승훈을 북경으로 보낸 장본인이다.

③ 이가환(李家煥, 1742-1801년): 이승훈의 외삼촌이었고, 성호 이익의 증손자이며 형조판서를 지냈다. 처음에는 천주교

인을 탄압했으나, 천주교에 귀의한 수재다.

:: 16. **신유박해** ::

정조가 죽고 정순왕후가 섭정을 하자 노론세력이 남인들을 청소하기 위해 1801년 일으킨 옥사로서, 1년간 100여 명이 처형되고 300여 명이 유형을 당하였다. 이가환, 이승훈, 정약종 등은 순교, 정약전과 정약용은 유배되었다.

④ 황사영(黃嗣永, 1775-1801년): 다산의 큰형 사위로 백서사건으로 처형되었다. 가족들은 노비가 되었고, 집터는 우물로 만들었다.

:: 17. **백서사건** ::

1801년의 신유박해에 대한 사건전말을 비단에 적어 북경 주교에게 전달하려던 사건, 비단(帛)에 글을 썼다 하여 백서(帛書)사건이라 한다.

다산의 외사촌인 윤지충도 다산과 가깝게 지냈다.

⑤ 윤지충(尹持忠): 다산의 외사촌이다. 진산사건으로 참수되었다.

⑥ 권상연(權尙然); 윤지충의 외사촌이다.

18. 진산사건

정약용의 외가동네인 진산(珍山)에서 1791년 모친 제사를 폐지하고, 신주를 불태워 조선사회에 충격을 준 사건으로 주연인 윤지충과 권상연은 참수되었다.

2. 운명적 사건들

다산의 운명을 결정한 세 가지 사건이 20대에 일어난다. 정조를 만난 사건, 천주교도인 이벽을 만난 사건, 과거에 급제한 사건이다. 이 세 사건 중 하나라도 겪지 않았다면 다산의 18년 귀양살이는 없었을 것이다. 정조와의 인연은 학문과 출세의 기회를 주었으나 유배의 길로 안내하고 만다. 이벽과 만나 새로운 신앙세계를 알게 되었으나 자기 인생의 고난과 가문의 폐족을 초래한 것이다. 과거에 급제하지 못했더라면 12년의 관직생활과 18년의 죄인생활은 없었을 것이다.

(1) 정조와의 만남

다산은 과거시험을 위해 18세에서 28세까지 10년 이상의 세월을 보내게 된다. 과거공부를 시작한 1779년 18세에 처음으로 성균관이 매달 실시하는 승보시에 합격하였다. 승보시(陞補試)의 합격자는 생원과 진사시험에 응시 자격을 얻는다.

1783년 22세로 소과(小科)의 초시와 복시를 통과하여 생원이 되었고, 성균관에 입학하게 되었다. 같은 해 정조가 성균관 유생에게 내린 "중용에 관한 70가지 질문"에 다산이 "중용강의"를 바침으로써 정조의 주목을 받게 된다.

(2) 천주교 귀의

1783년 이벽과 만나 이벽의 천주교 교리에 대한 설명을 듣게 됨으로써 천주교에 심취하게 되었다. 이벽을 만나 다산과 그의 형제들이 천주교도가 되었고, 정조 사후 죽거나 유배당하게 된 것이다.

(3) 대과 급제

과거시험 준비로 10년의 세월을 보냈다. 그동안 성균관에서 시행하는 시험인 반제(泮製) 4번, 대과 초시에 4번 합격하였으나, 대과 복시는 4전4패(4戰4敗) 하였다. 그러나 포기하지 않고 대과에 다섯 번째 도전하여 급제한다.

19. 과거제도

① 과거 종류: 문과, 무과, 잡과

② 시험시기: 정기시험(3년 주기), 부정기시험(국가경사시)

③ 문과시험 단계: 소과(2단계) → 대과(3단계)

- 소과: ① 초시 → ② 복시 → 합격
- 대과: ① 초시/관시 → ② 복시 → ③ 전시 → 합격

④ 문과 합격 인원 및 임용 품계

- 소과: 초시 합격 1,400인 → 복시 합격 200인(진사 100인, 생원 100인) → 진사/생원(대과 응시 가능)
- 관시: 성균관시험 → 대과 응시 유생 50인 선발
- 대과: 진사/생원/성균관 유생 222인 → 초시 응시 → 초시 합격 100인 → 복시 합격 33명 → 전시(33인 등급결정) → 장원 1인(종6품), 갑 2인(정7품), 을 7인(정8품), 병 23명(정9품)

⑤ 인재등용제도

- 과거제(科擧制): 고려 광종이 중국귀화인 쌍기의 건의로 도입된 시험에 의한 인재선발방법
- 음서제(蔭敍制): 공신, 왕족 또는 당상관의 자제를 관직에 특별 채용하는 엽관제도

:: 20. 과거시험 관리제도 ::

조선시대 문과는 정규시험인 식년시(式年試)와 특별한 명분이 있을 때 보는 25개의 별시(別試)가 있었다. 식년시는 초시, 복시 및 전시로 나누어 시행하였으며, 초시는 진사, 생원 및 성균관 유생이 응시할 수 있고, 복시는 초시 합격자만이 응시자격이 있고, 전시는 복시 합격자의 등급만 정하는 시험이었다.

초시의 시관은 정3품 이하 3인, 감찰 1인이 감시관이었고, 복시는 종2품 이상 3인을 상시관, 정3품 이하 4인을 참시관, 감찰 1인을 감시관으로 임명하였다. 전시는 의정 1인과 종2품 이상 2인을 독권관(讀劵官), 정3품 이하 3인을 대독관(對讀官)으로 임명하였다. 상시관과 독권관이 시험문제를 출제하고 채점하였다.

과거부정은

① 시험장에 글씨 잘 쓰는 사람이나 도와줄 사람을 데리고 들어가는 행위(隨從),

② 책을 가지고 들어가는 행위(挾書),

③ 남의 글을 베끼는 행위(借述),

④ 대리시험을 보게 하는 행위(代述),

⑤ 특정인의 시험지를 알아보게 하거나 시험문제를 미리 알려주는 행위(赫蹄),

⑥ 답안지를 바꿔치기하는 행위(換書),

⑦ 합격자의 시험지를 자기봉투에 넣어 합격하는 행위(竊科),

⑧ 답안지를 사후에 고치는 행위(易書),

⑨ 수험생들이 많이 몰리자 시관들이 먼저 제출한 시험지와 앞부분만 읽고 채점하는 경향에 맞춰 답안지의 앞부분만 작성하여 답안지를 먼저 제출한 답안지 속에 끼어 넣는 행위(투모) 등이 있다.

3. 벼슬길과 좌절

1789년부터 1800년까지 12년이 다산의 출세기이자 전성기였다. 다산은 28세부터 39세까지 12년에 걸쳐 벼슬길을 걸어왔다. 정조의 신임이 두터워 1789년 규장각 초계문신(抄啓文臣), 1794년 경기도 암행어사, 1795년에는 당상관인 우부승지에서 종6품의 충청도 금정역 찰방으로 좌천되는 수모를 겪는다. 천주교도라는 굴레가 그를 계속 괴롭힌 것이다.

1796년에 좌부승지로 다시 승진하고, 1797년에는 동부승지로 임명되어 임금의 측근에서 일하게 되었으나, 다시 황해도 곡산부사로 밀려났다. 다산은 채제공, 이가환을 계승할 재상감으로 부상하였다. 벼슬이 올라갈수록 임금의 신임이 깊어갈수록 비방과 공격은 더 거세졌다.

다산은 초계문신으로 있으면서 신문명에 관심을 갖게 되었고, 북학파와 지적 교류도 하게 되었다. 1792년에는 왕명에 따라 수원성을 설계하였으며, 이때 서양의 과학기술을 도입하여 실용화 함으로써 과학기술의 향상에도 기여하였다.

암행어사로 경기지방을 순찰하면서 농촌의 궁색한 생활, 굶주린 백성들, 지방관청의 착취와 비리 등 참담한 실상을 목격하게 되었다. 이후 다산은 "민생과 법치"를 강조하고 농민을 위한 개혁조치를 구상한 계기가 되었다.

곡산부사 2년간은 민생과 법치의 행정을 구현하는 시기였다. 민생을 구제하고 적폐를 시정하는 일에 주력하여 치적을 올렸다. 곡산부사로 있으면서 천연두 치료법을 정리하여 「마과회통」을 저술하였다. 또한 농업정책에 대한 상소문인 「응지농정소」를 정리하였다.

정조의 죽음으로 다산의 꿈도 사라졌다. 다산이 40세인 1801년 12살 순조 뒤에서 수렴청정을 하던 정순대비가 천주교도를 극형에 처하겠다는 전교를 내렸다. 이어서 이가환은 곤장을 맞아 죽고, 이승훈과 정약종은 처형, 형인 약전과 다산은 투옥된 후 유배지로 가게 된다.

:: 21. 관료제도 ::

관리의 신분보장, 정년보장, 직급보장이 없었다.

비리나 당파에 연루되어 파직되거나 사직 상소를 통하여 스스로 물러났다. 당산관 이상의 관리들은 귀향과 귀향한 후 다시 복직하는 예가 흔하고, 승진만 하는 것이 아니고 강등되는 경우도 많았다.

봉조하(奉朝賀) 제도는 당상관 이상의 관리를 쉬게 하고 일정한 급여를 주며 예우한 제도다.

4. 유배생활 대차대조표

천주교는 1791년 진산사건을 계기로 금교 조지가 내려졌나. 순조 원년(1801년) 천주교도 체포령이 공포되고 신유옥사가 일어났다. 다산은 1801년 2월 9일에 투옥되어 2월 26일 유배형을 받고 장기(포항)로 유배 당하였다. 같은 해 황사영 백서사건에 연루되어 10월에 체포되어 11월 5일 다시 유배형을 받아 강진으로 유배길을 떠났다.

강진에서 18년(1801-1818년)을 보내게 된 것이다. 유배지 생활은 처음 8년간은 강진읍에서, 10년은 외가 친척의 산정인 다산초당에서 지내게 되었다. 유배지에서 다산은 학문정진, 저술작업, 제자양성, 교유활동 및 남새밭 농사 등으로 소일하였다.

유배생활의 고초는 가족과 친지들로부터 격리되는 데서 오는 생활의 고통과 불편, 미래에 대한 희망과 기대상실로 인한 절망과 좌절, 누명과 탄압에 대한 울분 등이 컸을 것이다. 거기에다 형제들이 몰살되고, 6남 3녀의 자녀가 2남 1녀만 남는

불운을 겪게 된다.

그러나 유배지에서 사약을 받거나 유배지에서 여생을 마친 사람들에 비하면 다행한 일이다. 좌절과 울분을 학문과 저술로 승화하여 500여 권의 저서를 남기고 실학을 집대성한 대학자로 평가받고 있다. 다산의 진정한 성공시대가 관직생활하던 시기가 아니라 유배생활하던 시기라 하겠다.

다산은 육경사서(六經四書)에 심혈을 기울였다. 역경(易經), 서경(書經), 시경(詩經), 춘추(春秋), 예기(禮記), 악기(樂記)의 육경과 논어(論語), 맹자(孟子), 중용(中庸), 대학(大學)의 사서를 자기 학설에 담아 설명한 것이다.

육경사서에 대한 연구를 바탕으로 일표이서(1表2書), 즉 경세유표(經世遺表), 목민심서(牧民心書), 흠흠신서(欽欽新書)를 저술하였다. 육경사서는 수신(修身)과 제가(齊家)에 관한 책이고, 일표이서는 치국(治國)과 치세(治世)에 관한 책이다.

다산이 3,000수의 시와 500권의 저서를 남긴 것은 유배생활과 과골삼천(踝骨三穿)의 노력이 있었기 때문이다. 과골삼천이란 복사뼈에 구멍을 세 번이나 뚫렸다는 뜻이다. 사물의 이치를 알 때까지 끝까지 파고드는 격물치지(格物致知)의 탐구열이 뒷받침되었기 때문에 가능했던 것이다.

22. 독소(獨笑, 1804, 강진에서 지은 시)

독소(獨笑)	혼자서 웃네
유속무인식(有粟無人食)	양식이 있으면 먹을 사람이 없고
다남필환기(多男必患飢)	아들이 많으면 굶을까 걱정하네
달관필준우(達官必惷愚)	벼슬욕심은 어리석은 일이고
재자무소시(才者無所施)	재주가 있어도 써먹을 데가 없네
가실소완복(家室少完福)	완전한 복을 갖춘 집안은 적고
지도상릉정(至道常陵遲)	도에 이르기는 오래 걸리네
오색자매탕(翁嗇子每蕩)	어른이 아끼면 자식이 없애고
부슬랑필치(婦瑟浪必癡)	아내가 영리하면 남편이 둔하네
월만빈치운(月滿頻値雲)	달이 차면 구름이 막고
화개풍오지(花開風誤之)	꽃이 피면 바람이 부네
물물진여차(物物盡如此)	사물 이치가 이런 줄 알고
독소무인지(獨笑無人知)	혼자 웃어도 알아 볼 사람 없네

5. 학문세계와 개혁정신

(1) 다산의 학문세계

다산은 실학, 서학 및 잡학을 섭렵한 선각자요, 학문, 의술, 과학, 농업, 문학 및 그림 등 다방면으로 다재다능한 천재요, 유배지에서 500여 권의 작품과 실학을 집대성한 학자였고 3,000여 수의 시를 남긴 시인이었다. 다산의 학풍과 학문은 성호학파(星湖學派)의 학풍을 계승하고, 북학파의 입장을 수용하여, 현실문제에 대한 실용적 개혁을 추구하는 실학을 체계화한 실학자였다.

다산은 서양의 과학기술과 합리적 정신을 도입하는 데에 앞장섰던 진보적 학자였고, 서양의학과 한의학에도 조예가 깊었다. 자신이 앓았던 천연두 예방법을 연구하여 마과회통(麻科會通)이란 의학서적을 저술하여 의학발전에 기여한 의학자이기도 하였다. 다산은 역사, 지리, 언어 및 민속에 대한 선구적 업적을 남긴 국학자이기도 하였다. 우리나라 속담 241수를 수록한 이담속찬(耳談續纂)을 편찬하였고, 역사에 관한 글도 신라론, 백제론, 고구려론 등을 남겼다. 특히 요동론(遼東論)에서는 우리나라가 요동을 차지하고 흑룡강 근원까지 국경을 넓힌다면 대국이 될 것이라는 북방정책도 제시하고 있다.

비판정신과 개혁정신이 학문세계의 다양성, 포용성, 개방성, 진보성 및 실용성을 높이는 데 밑거름이 되었다. 다산은 성리학(性理學), 훈고학(訓詁學), 문장학(文章學), 과거학(科擧學), 술수학(術數學) 등의 오학론(五學論)에서 폐단을 지적하였고, 풍수지리설에 대한 비판도 서슴지 않았다.

다산은 처녀지를 개척하는 데 선도적 역할을 하였을 뿐만 아니라 기존의 연구성과에 대해서도 재해석하는 자세를 취함으로써 학문의 발전에도 기여한 것이다.

경학연구에 몰두하여 수신제가(修身齊家)를 위한 육경사서(六經四書)의 경전을 재해석하여 개인과 가정의 관리체계를 정립하였다. 다음으로 치국경세(治國經世)를 위한 지침서인 일표이서(一表二書)로서 나라와 세상을 다루는 단계까지 실천적 학문을 체계화한 것이다.

(2) 개혁정신과 개혁논리

다산은 정치와 개혁의 이념은 민본(民本)과 균민(均民)에서 찾을 수 있다. 다산의 민본은 정조의 위민과 맥을 같이 한다. 균민의 본질은 ① 토지소유의 균분, ② 인재등용에 있어서 지역, 계층 및 서얼 차별금지, ③ 권리와 의무의 균분에 있다고 주장한 것이다. 신분차별, 지역차별 및 양역차별 등 모든 분야에서 분열과 갈등이 심화되고 있으므로 균분의 원칙에 따라 개혁하지 않으면 혼란과 붕괴의 길을 갈 수밖에 없다는 것이다.

다산의 개혁정신은 오래된 나라를 새로운 나라로 만들 방향을 생각하는 데서 생기는 것이다(思利新我之舊邦也). 다산이 지향한 개혁은 과거제도, 환상제도, 양역제도, 토지제도, 화폐제도, 호적제도, 신분제도 등 국가의 존립과 연관된 제도의 개혁을 주장하였다. 민생의 불편 해소를 위한 개혁, 향리(鄕吏)와 간리(奸吏)의 통제를 위한 개혁, 농업진흥과 인재발탁을 위한 개혁 등 문제의식이 많은 만큼 개혁과제와 개혁의지가 강하였다.

6. 임금과 신하의 도리

(1) 초고속 승진

대과에 급제하기 전부터 점찍어 두었던 다산이 대과에 합격하자마자 정조는 파격적인 인사를 단행한다. 다산이 벼슬길에 오르고부터는 인사권을 가지고 있는 임금의 명을 따라야 하는 신하의 신분이 된 것이다.

정조는 본격적으로 다산을 챙기고 엘리트 관료로 키우기 시작한 것이다. 다산은 종7품인 직장(直長)으로 발령 받았으나, 정조는 다산을 곧바로 초계문신(抄啓文臣)으로 발탁한다.

같은 해 승정원 가주서(假注書, 정7품)로 승진시키고, 임관 첫해에 한강 배다리(舟橋) 설계를 담당하도록 하여 신임을 보인다. 1792년 다산은 정조의 명에 의해 화성설계를 하였으며, 이 과정에 기중기의 원리와 도르래의 원리를 응용하였다. 1794년 홍문관 수찬(정6품), 홍문관 부교리(종5품), 1795년에 사간원 사간(종3품), 승정원 동부승지(정3품)로 승진하여 측근에서 보필하게 된 것이다. 벼슬길에 오른 지 6년 만에 당상관으로 승진하였다.

종9품에서 정3품까지 승진하는 데 40년, 종7품에서 정3품까지 가는 데 15년 이상이 소요되는 실정에 비추어 보면 초고속 승진을 한 것이다. 1795년 4개월 정도 금정역 찰방으로 좌천되었으나 곧 동부승지로 재임명되었다.

1797년부터 1799년까지 2년간 곡산부사로 보냈다가 다시 형조 참의로 불러들였다. 임금은 좌천이나 향직으로 다산을 보내면서도 훗날을 기약했고, 다산을 보호하기 위한 조치였다.

다산도 임금에 대한 믿음과 의리를 저버리거나 임금에 대해 서운한 감정없이 지성으로 섬겼다. 임금을 보필하는 데 누구보다 앞장섰다. 그러나 둘의 관계가 두터워 질수록 벼슬이 올라갈수록 음해와 비방이 커졌다. 천주교도라는 오명은 평생 다산을 따라다닌 허물이 되었고, 결국 집안이 쑥대밭이 되는 비운을 맞는다.

(2) 명철보신(明哲保身)

다산은 학문적으로도 정조의 입장을 옹호한다. 정조는 절대군주론에 입각하여 왕권강화에 주력하였는데, 다산도 강력한 군주권과 군주의 역할을 강조하고 있다. 「시경(詩經)」의 '명철보신(明哲保身)'을 신하의 역할을 설명하는 경구로 사용하였다. 즉, 명철보신이란 사리가 밝아 위험에 빠지지 아니하고 자신을 보존한다는 의미다. 다산은 대신이 선악(善惡)을 판별하고(明), 시비(是非)를 구별하여(哲), 어진 선비(賢士)와 재주가 뛰어난 인재(俊乂)를 선발하면 자신과 군주를 보호하게 된다(保身)는 것이다.

그런데 요즘의 군자(君子)들은 이해(利害)를 분별하고(明), 말할 것과 말하지 말아야 할 것을 따져서(哲), 자신과 가문만을 보호하면(保身), 군주는 누구와 치국(治國)을 하는가라고 반문했던 것이다.

(3) 군신유의(君臣有義)

정조와 다산의 관계는 임금과 신하(君臣), 스승과 제자(師弟), 큰형과 막내의 형제적 우의, 부모와 자식 같은 보호의식, 선배와 후배와의 선후지책 및 개혁을 주도하는 동지애 등이 얽힌 다중적(多重的)인 유대를 느끼게 된다. 실제로 두 사람의 관계는 보통 인연이 아니다. 첫 대면에서 정조가 다산에게 고개를 들어보라는 말로 관심을 보인 것은 끌림이 있었기 때문일 것이다. 다산이 외조부인 윤두서를 닮았다고 한다. 윤두서의 자화상과 같이 비범한 인상이었을 것이다.

정조는 초계문신을 대상으로 친강(親講)을 하였고, 질문과 토론을 통하여 학문을 연마시켰다. 다산도 정조 13년(1789년) 15명의 초계문신 중에 포함되어 정조의 가르침을 받았다. 다산도 부형(父兄)의 음덕이나 사우(師友)의 힘도 없는 사람이 귀한 신분이 된 것은 임금의 지도와 정성 때문이라고 술회하고 있다(여유당전서).

다산이 관직에 있는 동안 정조는 수시로 다산을 불러 정치와 학문에 대해 의견을 나눴다. 독대(獨對)와 야대(夜對)가 많아지자 주변의 질시와 감시는 더욱 심해졌다. 다산이 곡산부사로 부임하자 정조는 친필로 서신을 보내왔다. 내용은 "구설 때문에 물러가서 조용히 기다리는 것이 좋겠다. 승진이 한두 해 늦어져도 무방한 것이니 슬퍼 말고, 치적을 쌓도록 하라. 다시 부르겠다."

다산의 손자의 손자(玄孫)인 정규영(丁奎英)이 펴낸 1921년 판 사암선생연보(俟菴先生年譜)에 실려 있다.

23. 임금을 모시는 법(事君之法)

① 임금의 존경을 받도록 해야지 사랑을 받으려 해서는 안되며 (要爲君所敬 不要爲君所愛)

② 임금의 신임을 받도록 해야지 기꺼이 복종하려 해서는 안된다. (要爲君所信 不要爲君所悅)

〈다산이 아들에게 보낸 편지에서 발췌〉

7. 다산이 왕따 당한 이유

(1) 복합적인 요인 작용

다산이 청운의 꿈을 펴보지 못하고 중도하차로 벼슬길을 마무리하고, 18년간 유배생활을 하게 된 원인을 찾아 볼 수 있다. ① 정조 만남, 신임 및 죽음, ② 사돈의 접촉, 천주교 귀의 및 천주교 개척자들과의 교류, ③ 남인계열로 줄서기, 남인의 후계지도자 부상, ④ 다재다능한 비범성, ⑤ 강직한 성격 등이 복합적인 요인으로 작용했을 것이다.

(2) 군신유친에 대한 시기

초계문신 시험에서 수석을 하여 말과 표범가죽을 상으로 받아 동료들의 부러움을 샀고, 초고속 승진과 정조의 두터운 신임, 임금과의 잦은 독대(獨對)와 야대(夜對)는 위계질서를 생명으로 여기는 대소 신료들의 질시를 받기에 충분했다. 군신유의(君臣有義)가 아니라 군신유친(君臣有親)이 화근이었을 것이다.

(3) 천주교에 대한 반감

당시에는 사교로 규정한 천주교 신앙에 심취해 있는 인물이 임금의 측근에 있어서는 안된다는 비난이 빗발쳤다. 다산은 1797년 변방소(辨謗疏), 이른바 변방사동부승지소(辨謗辭同副承旨疏)를 올려, 한때는 천주교 신앙에 빠진 적이 있으나 지금은 무관하다고 소명하였다. 그러나 그를 반대하는 세력은 여전히 천주교도들과 친교를 하고 있다는 이유로 믿지 않았다.

다산은 경기도 암행어사로 활동할 당시 경기도 관찰사 서용보의 비리를 봐주지 않고 문제 삼았다. 이 일로 서용보는 다산의 유배해제와 관직임명을 반대한 악연으로 이어졌다.

(4) 권력장악의 걸림돌 제거

정조의 별세로 인한 역사적 파문과 부담은 컸다. 정조의 죽음으로 11살의 순조가 왕위에 올랐으나 정순왕후가 수렴청정을 함으로써 실권을 장악한다. 정순왕후는 1800년 6월 28일 정조가 죽은 날부터 1803년 12월까지 3년 6개월간 섭정을 하고, 1805년에 숨을 거둘 때까지 정국을 주도한다. 순조의 지지세력을 제거한 것이다.

:: 23. 정조승하의 역사적 파장 ::

① 정순왕후의 친정 친척들이 벼슬길에 오르게 되어 외척세력이 다시 득세,

② 노론 벽파가 권력을 독점하고 남인과 노론시파까지 제거하여 당파정치 재발,

③ 정조가 추진해온 탕평정치, 학문정치 및 개혁정치의 전면 중단과 역사 단절

④ 정약용, 박제가, 박지원 등 인재의 퇴장, 사회질서의 붕괴, 사회의 분열과 동요

⑤ 정조의 급서(急逝)의 원인과 독살설의 진상을 밝히지 못하고 의혹 속에 종결

3

정조시대 농촌사회

1. 농업의 위상약화
2. 농업생산력 향상
3. 농민층의 양극화
4. 농민유동성 증가
5. 농민수탈의 지속
6. 산업사회로 이행
7. 농업재해의 빈발

1. 농업의 위상약화

(1) 무본 억말론 대두

정조시대 전국 인구는 800만 명 수준이고, 그 중 농민은 80% 이상을 차지하고 있었다. 경지면적은 약 80만 결(結)이며, 그 중 논은 대략 35만 결, 밭은 45만 결이다(다산의 전론). 1결(1등 1결은 3,025평)의 논에서 생산하는 곡식이 400-800두(15두가 1석) 수준으로 본다(다산의 목민심서).

농업을 중시하고 농업을 본업이라 하여 우대해 왔으나, 말업 취급을 받아온 상공업이 흥하자 본업종사자가 말업으로 전업하는 경우가 많아 졌다. 농본과 중농의 주창자인 다산은 본업을 위해서 말업을 제하해야 한다는 무본억말론(務本抑末論)을 제시하기도 하였다.

(2) 농본사회 유지

사농공상의 산업질서가 흔들리는 시기였으나, 농업은 국민을 먹이고 입히는 일을 하며, 국민의 80%가 농업에 종사하고 있었다. 농업은 여전히 조선의 주종산업이었던 것이다.

자급과 폐쇄로 상징되는 정조시대에는 흉년이 들어도 자체적으로 해결해야 하므로 굶어 죽거나 먹을 것을 찾아 유랑하는 인구가 많았다. 정조도 이런 일을 수차례 겪었기 때문에 국민은 농민을 위해야 한다는 점을 강조하고 있는 것이다.

(3) 농민의 계층형성

사회신분은 4개의 신분, 즉 양반, 중인, 양인, 천인으로 구분된다.

지주층을 제외한 농민은 4개의 신분 가운데 대부분 양인이었다. 그러나 신분제도가 약화됨에 따라 농업에 종사하는 양반이나 천인도 늘어났다.

토지 소유면적을 기준으로 4개의 계층으로 구분한다. 지주계층, 자작농, 소작농 및 농노계층으로 구성되며, 소규모 토지를 소유하거나 소작하는 영세농은 생활고와 부채의 누적으로 점차 하층민으로 전락하게 된다. 다산은 호남지방의 농민들

중에서 지주농 5%, 자작농 25%, 소작농 70%의 구성비를 이룬다고 밝혔다.

2. 농업생산성 향상

(1) 농업기술의 향상

정조시대의 농법의 특징은 ① 수전 이앙법(水田 移秧法)의 보급, ② 도맥 이모작(稻麥 二毛作)의 확산, ③ 다양한 농기구의 도입, ④ 수리시설의 개량과 보수 등 농업기술이 크게 향상된 점이다. 농법의 발달로 생산성이 높아지고 상업적으로 농업이 진전되어 농사로 돈을 벌어 부를 축적하는 계층이 생기게 된 것이다.

(2) 경영규모의 확대

부의 원천은 토지라는 믿음을 바탕으로 지주층이든 자작층이든 토지를 늘리기 위한 매입, 임차, 개간이 활발해졌다. 자작농은 가족노동이 가능한 면적을, 지주층은 고용노동을 통한 농업이 가능하므로 농지규모의 확대가 광범위하게 이루어졌다. 자급형 농업에서 상업형 농업으로 전환하게 된다.

(3) 판매상품의 생산

자급자족을 목적으로 한 소농과 판매를 목적으로 생산하는 대농이 분화되고 있었다. 농산물의 상품화는 수익성이 목표이므로 현금화가 쉽고 시장가가 높은 작목을 선택하는 경우가 많았다. 시장가가 높은 작물은 희소가치가 있는 농산물이기 때문에 투기대상이 되는 경우가 많았다.

(4) 노동인력의 고용

농번기에 일시적으로 임금노동자를 쓰거나, 일년 단위로 고용하거나 장기고용하는 경우도 많았다. 임금노동은 상업적 농업경영체의 생산방식이며, 농민층 분화로 토지에서 유리된 농업노동자들이 고용 대상이었다.

3. 농민층의 양극화

(1) 신흥 부농층의 형성

명농(明農: 농사에 밝은 농민), 역농(力農: 농사를 열심히 짓는 농민) 및 광농(廣農: 넓은 토지를 가지고 있는 농민)은 부자 농민으로서 농촌사회의 새로운 주도세력이 되었다. 18세기 농법의 발달로 한정된 노동력으로 전보다 더 많은 농지를 경작할 수 있게 되었고, 노동력도 고용이 가능해지고, 수확량도 늘어나 여유 식량이 생겼다.

(2) 토지의 과점화

부유한 농민들은 토지매입에 혈안이 되었다. 소수의 신흥부유층은 잉여자본을 농지매입에 투자하게 된다. 농민층 내부에서 소유권만 영세한 자작종에서 신흥부농에게로 이전된 것이다. 부농층은 지주층으로 계층 상승하게 된 것이다. 부농층은 양반지주, 양인지주 및 다전역작(多田力作)의 자작농으로 구성된다.

(3) 소농층의 빈민화

소규모 자작농은 식량의 자급도 안 되기 때문에 매년 고리의 환곡에 의존하고, 부채도 누적되어 토지를 매각하게 된다. 소작이나 노동으로 연명하는 빈곤층으로 전락하여 무전농민이나 유민이 된다.

19세기 초 호남지방의 경우 유전농은 30%에 불과하고, 70%의 농민이 무전농임이 밝혀졌다. 토지를 소유하고 있는 30%의 농민들 중에서도 지주로서 부유한 농민은 전체 농가의 5%에 불과하고, 많든 적든 자기 토지를 가지고 농사짓는 자작농은 전체농가의 1/4에 불과하고, 소작농이 70%나 된다는 사실은 충격적이다. 빈농층은 소규모 자작농, 소작농 및 무전농들이다.

4. 농민유동성 증가

(1) 신분제도 약화

임진란(1592년), 정유란(1597년), 병자란(1636년) 등의 전란, 농업기술의 향상, 상공업의 부상으로 신분제도가 약화되고 있었다. 산업 활동을 통하여 부를 축적한 계층 등장, 신분 상승 기회의 확대, 노비의 도망 등으로 신분적 차별은 완화되고 있었다.

18세기 후반기의 농촌사회는 신분제도가 약화되긴 하였으나 여전히 유지되고 있었으며, 신분과 직업 사이에 밀접한 연관성이 있었다. 이 시기에는 양반 인구와 노비 인구의 급격한 감소현상을 보이고 있었다.

계층간 유동성도 활발하여 양반도 실세하면 낙향하여 농업에 종사하는 경우가 많았다. 이들은 잔반(殘班)으로서 양반의 지위를 상실하였다. 양반이라도 사조(四祖: 父, 祖, 曾祖, 外祖) 안에 현관(顯官: 정1품 종9품)이 없을 경우 양반취급을 히

지 않은 것이 관행이었다.

향리나 서얼 등 중인계층이 신분상승을 위해 관계 진출을 통한 계층 이동도 활발하였다. 부를 축적한 새로운 세력이 형성됨에 따라 이 계층이 점차 지방행정권을 장악하게 되어 농촌사회의 주도세력으로 대두하게 된 것이다. 천민계층은 국가에 공을 세워 노비신분에서 탈출하거나 도망을 가서 신분변신을 하는 사례가 늘어났다.

:: 25. 신분제도 ::

조선사회 신분은 ① 양반(兩班), ② 중인(中人), ③ 양인(良人), ④ 천인(賤人)의 네 신분으로 구분했다. 양반은 과거를 보는 선비거나 관직에 종사하는 자, 중인은 기술직과 사무직에 종사하는 하급관리 및 서얼을 포함시키고 의관, 역관, 향리 및 아전 등이 대표적인 직종이다. 양인은 농업, 상업, 공업 등 업종에 종사하는 상인(常人)들이 대부분이다. 그리고 천인은 노비, 광대 등을 직업으로 삼았다.

양반(兩班)은 동반(東班)과 서반(西班), 즉 문무(文武)를 말하고, 사대부(士大夫)의 사(士)는 당하관(堂下官), 대부(大夫)는 당상관(堂上官)을 의미한다.

(2) 유동성 증가

신분제도의 약화와 상공업의 부상 및 화폐경제의 도입 등으로 지역간 인구이동이 활발해지고 농촌사회의 폐쇄성도 점차 완화되었다. 반면에 농민의 수는 이촌과 이농의 증가로 감소 추세를 보이고 있었다.

농촌사회의 지배질서도 변화를 보였다. 부유한 농민이 농촌의 주도세력으로 부상하면서 양반지주층의 영향력이 점차 위축되고 있었다. 소규모 자작농을 중심으로 촌락단위 협동조직을 만들어 상부상조와 공동작업을 하는 경우가 많았다. 농민들의 결속력과 공동체 의식이 높아졌다.

5. 농민수탈의 지속

(1) 농민수탈의 제도화

국가의 농민에 대한 수탈제도는 전정 · 군정 · 환정의 삼정으로 요약된다. 삼정의 문란은 농민의 궁핍화 · 영세화 및 유민화를 촉진하는 요인으로 작용하였다. 농업기술의 향상으로 인한 추가수입도 추가수탈로 인해 농민에게 혜택이 돌아가지 못했다.

전세(田稅)의 경우 토지 1결(1결은 1등급 3,025평)에 16두(15두가 1석)였으나, 40여 가지 부가세를 붙여 1결에 50두 이상을 징수하였다. 군역(軍役)은 농민에게만 부과하였고, 양인은 1정(丁) 몫인 군포 1필만 부담하도록 되어 있었다. 죽은 사람의 몫(백골징포, 白骨徵布), 어린애 몫(황구첨정, 黃口簽丁), 마을사람 몫(인징, 隣徵), 일가친척 몫(족징, 族徵) 등을 추가하여 농민 한 사람이 장정 2-3명 몫에 해당한 군역을 부담하였다. 환곡은 고리대업으로 변질하여 환곡의 부담이 가장 가

혹했다. 원래는 이자가 10분의 1이었으나 실제로는 10분의 4-5에 달하였다.

(2) 소작농민들의 참상

호남지방은 농민의 70%가 소작농인데 생산량의 10분의 5를 국가가 세금으로 회수하고, 지주가 10분의 5를 거두어간다. 원래 세금은 20분의 1만 내면 되는데 절반을 빼앗아간 것이다. 호남지방의 지주들은 소작료는 소작료대로 받고 조세와 종자도 소작인에게 부담시키고 있어 소작농민은 농사로 남는 것이 없다.

경기지방은 지주들이 생산량의 절반을 소작료로 받아가지만 조세와 종자는 지주들이 부담한다. 호남지방의 소작농이 조세를 내는 폐습을 금해야 한다는 다산의 상소문(擬 嚴禁湖南議邑佃夫輸租之俗箚子)에서 제기하고 있다.

6. 산업사회로의 이행

(1) 농본사회의 위상 동요

정조시대에는 국민의 80% 이상이 농업으로 생계를 이어 갔다. 정부와 국민의 부는 원천이 농업이었다. 특히 외국과의 무역이 활발하지 못한 폐쇄경제체제였고, 자급경제 구조에서는 농업이 국민의 식(食)과 의(衣)를 공급하는 유일한 통로였다.

당시에는 농업을 중시하여 본업(本業)이라 했고, 상업, 광업 및 잡업을 천시하여 말업(末業)이라 하였다. 사농공상의 산업 질서가 흔들리고 있었던 것이다. 말업이 흥하자 농민들이 말업으로 직업전환을 하는 경우도 점차 늘어났다.

(2) 상공업의 진흥

상업은 시장(市場)이 전국적으로 형성되고 사상(私商)들이 조직적으로 활동하고 있었다. 공업은 도자기, 농기구 및 솥 등의 생활 및 농사용품 위주로 물주에 의한 자본 공급을 바탕으로 공정 분업, 규격 생산 및 다량생산의 체제도 갖추어지고 있었다.

(3) 억말론(抑末論)과 상공론(商工論)

다산은 농업을 중시한 정조시대 대표적 실학자였다. 다산은 「응지농정소」에서 말업이 본업을 넘어선 지 오래다(今末業之踰本 久矣)고 하였다. 그는 말업을 규제해야 농민이 대우를 받는다(抑末而農自尊矣)면서 금광의 예를 들었다. 황해도 수안 금광에 사방에서 사람들이 몰려들고 있어 부작용이 심각하므로 이를 규제하여 농업에 종사하도록 해야 한다고 강조하고 있다.

이에 반해 북학파인 박지원과 박제가는 상공업이 산업의 기초로서 상공업을 진흥시켜야 국가가 융성해진다는 상공업진흥론을 폈다.

7. 농업재해의 빈발

(1) 자연재해 빈발

조선시대 재해는 한해 89회, 수해 89회, 풍해 20회, 상해 22회, 설해 18회 등 자연재해 239회로 집계되었다. 따라서 조선시대 때에는 2-3년 주기로 천재를 당해온 셈이다(이춘녕, 한국농학사).

정조시대만해도 재해로 인한 심한 흉작이 7회나 되었다. 정조 6년(1782년), 8년(1784년), 15년(1791년), 16년(1792년), 18년(1794년), 21년(1797년) 그리고 22년(1798년)의 심한 재해로 흉작을 기록했다. 재해를 당하면 식량난과 재정난을 겪게 되기 때문에 임금의 가장 큰 걱정거리의 하나였다. 삼남지역의 흉작은 국가적 손실이 막중했다.

(2) 수리사업 본격 추진

정조시대에는 수리지식을 체계화한 서명응의 "본사(本史)"가 저술되었고, 수리정책을 추진하기 위한 "제언절목"이 반포되었다. 화성신도시에 수리시설을 축조하여 재해 내구성과 생산성 향상에 미치는 효과를 입증하기도 하였다.

정조가 윤음을 통하여 수리사업을 강조함으로써 수리에 대한 논의가 활발해졌다. 수리사업도 본격적으로 추진되기 시작하여 큰 성과를 이루었다. 전국적으로 6,000여 개의 용수시설이 축조되었다.

4

정조의 농정공론화

1. 농업부문윤음
2. 농정공론화의 배경
3. 세수권농윤음
4. 재해구휼윤음
5. 권농정구농서윤음
6. 응지, 소(疏)와 책(册)
7. 농정개혁과 한계

1. 농업부문윤음

(1) 윤음과 윤음언해

윤음(綸音)은 임금이 백성이나 신하에게 내리는 어명으로 타이르거나 권장하는 내용을 담은 임금의 말씀을 의미한다. 어명(御命)은 열 가지로 분류할 수 있다.

① 국정의 기본방향을 제시하는 대고(大誥)
② 정책의 내용을 알리는 교서(敎書)
③ 통상적으로 지시하는 전교(傳敎) 또는 하명(下命)
④ 널리 알려서 권장하는 윤음(綸音) 또는 윤발(綸綍)
⑤ 군사와 관련된 유서(諭書)
⑥ 암행어사에게 내리는 봉서(封書)
⑦ 승지가 어명을 받아 직접 전달하는 유지(有旨)
⑧ 관직 임면에 관한 교지(敎旨)
⑨ 상벌에 관한 명령인 전지(傳旨)
⑩ 신하나 유학자에게 노력하도록 타이르는 돈유(敦諭) 등

이다.

윤음언해(綸音諺解)는 윤음을 널리 보급하기 위하여 한글로 번역한 자료를 말한다. 윤음에 첨부하는 경우가 많았다.

(2) 정조의 윤음정치

정조는 윤음을 적극적으로 활용하였고, 일반 서민도 이해할 수 있도록 한글로 풀어서 윤음에 윤음언해를 첨부시켰다. 조선후기에 반포된 46종의 윤음 가운데 정조가 반포한 윤음이 37종으로 80%를 차지하고 있다.

정조의 윤음 37종 중 농업과 농정에 관한 윤음이 29종으로 윤음의 대부분이 농업과 관련이 있다. 농업과 농정에 관한 윤음도 내용에 따라 세 가지로 분류할 수 있다.

① 매년 정초에 풍년을 기원하며 농사를 잘 짓도록 독려하는 세수권농윤음(歲首勸農綸音)

② 재해를 당한 지역주민의 구휼을 독려하고 각종 부담을 감면하는 구휼(救恤)과 위무(慰撫)의 윤음

③ 농업문제의 근본적인 해결방안을 찾고, 농업기술과 농법에 대한 농서를 구하는 권농정구농서윤음(勸農政求農書綸音) 등이다.

2. 농정공론화의 배경

(1) 식량생산의 중요성 강조

정조는 재위 24년 동안 7번이나 자연재해로 인한 흉년을 겪게 된다. 3년 주기로 재해를 입게 된 셈이다. 곡창지대인 삼남지역의 한해와 수해피해가 극심하게 나타나 백성들의 굶주림, 이재민의 유랑인화 및 민심의 동요로 이어진다. 국가재정도 세금감면과 세수감소로 위기에 직면하게 된다.

정조는 풍년을 이룩하기 위하여 즉위하자마자 매년 세수권농윤음을 반포하여 왔으며, 재해가 발생할 경우 이재민을 위로하고 세금 · 환곡 · 군역의 감면을 약속하는 내용의 윤음을 내렸다. 1798년에 농정의 공론화를 유도하고 농서를 공개적으로 수집하는 권농정구농서윤음을 반포한 것이다.

(2) 수리시설의 절박성 공감

한해와 수해에 대비하기 위해서 수리시설의 보수와 관리가 필요하다는 전제하에 저수지, 제방 및 방죽의 넓이, 높이 및 깊이를 유지하도록 규정한 11개 조문의 제언절목(堤堰節目)을 1778년(정조 2년)에 반포하였다.

정조는 연이은 자연재해로 농업이 심각한 타격을 받자 농업 문제의 해결방안 중 수리가 가장 중요한 과제임을 강조하여 공감과 지지를 유도하기 위한 목적도 농정공론화의 배경이었을 것이다.

(3) 신도시 시범농장의 성과 확산

정조는 화성 신도시 건설의 일환으로 모범적인 농장을 만들도록 하였다, 저수지 건설, 하천의 준설, 수로와 제방의 축조, 수문과 갑문의 설치, 시범농장의 조성 등을 통하여 수원을 선진 농업의 중심지로 만들었다.

1795년에 하천 만석거(萬石渠) 건설, 국영시범농장 대유둔(大有屯) 조성, 1798년 만년제(萬年堤) 및 1799년 축만제(祝萬堤) 설치로 이어졌다. 수리시설 설치와 이앙 기술의 확대로 농업재해를 줄이고 생산성을 크게 높였다. 여기서 자신감을 언은 정조는 새로운 농업기술과 정책 대안을 구하는 윤음을 내린 것이다.

(4) 농업문제의 해법 발굴

정조시대에는 잦은 농업재해로 인한 기근문제를 해결하는 것이 선결과제였다. 풍년농사를 달성하기 위해 농민과 지방수령을 매년 독려할 필요성이 있었다. 권농윤음이 생겨난 이유인 것이다.

장기적으로는 농업문제를 근본적으로 해결하기 위한 다양한 의견을 수렴하고, 지역적으로 특색있는 영농기술을 취합하려는 것이었다. 이런 자료는 검토과정을 거쳐 농업정책의 개혁과 농업기술의 교범으로 활용하고자 했던 것이다.

3. 세수권농윤음

(1) 즉위원년의 윤음

정조는 매년 새해 초에 농민은 농사를 열심히 짓고, 수령은 농민을 격려하여 풍년을 이룩해야 된다는 요지의 윤음을 내렸다. 즉위 원년인 1777년에 내린 권농윤음을 요약하면 다음과 같다.

"농사는 천하의 대본(大本)으로 백성이 하늘로 삼고, 수령칠사(守令七事) 가운데 농사가 첫째이니 수령들은 농사에 소홀함이 없도록 하라.

수확을 끝내자마자 식량이 거의 떨어지고 조세를 내고 나면 도가니는 완전히 비어 버린다. 일 년 내내 부지런히 일해도 곡식은 관청으로 가버리니 한지(閑地)를 개간하고 황지(荒地)를 다시 경작해도 백성의 산업이 넉넉해지지 않는 것은 이상한 일이 아니다.

부모를 섬기지 못하고 처자를 부양하지 못한다면 어찌 임금을 섬기고 수령을 위해 사력을 다하겠는가. 수령들은 밤낮으로 걱정하는 임금의 마음과 백성의 고생을 생각해서 농사일을 살펴 혜택을 주고 생업이 안정되도록 하라".

:: 26. **수령칠사** ::

지방의 수령이 해야 할 일곱 가지 중요한 임무를 수령칠사(守令七事)라 한다. 농사(農事), 호구(戶口), 학교(學校), 군정(軍政), 부역(賦役), 사송(詞訟) 및 간활(奸猾)을 잘 관리하는 일을 말한다.

(2) 정조 12년의 하교

1788년에 내린 세수권농하교를 정리하면 다음과 같다. 이때는 윤음 대신에 하교를 내린다.

"사람은 본시 부지런한 사람과 게으른 사람이 있고, 힘이 센 사람과 약한 사람이 있다. 힘이 약하고 게으른 사람이 분발하지 않으면 어찌 추수를 하겠는가.

농사는 천시(天時)를 따르는 것이며, 지리(地利)를 다하는 것이고, 인력(人力)을 잘 쓰는 것이다. 이 세 가지를 잘 하였는데도 풍년이 들지 않았다는 말을 들어본 적이 없다.

내가 몸소 논밭을 살필 수가 없으니, 책임을 지고 있는 수령들이 나의 뜻을 받들어 농사에 전념하도록 격려하고 돌봐주기 바란다.”

:: 27. 천시, 지리 및 인사 ::

천시: 적시적작(適時適作), 지리: 적지적소(適地適所)

인사: 적재적역(適材適役)

(3) 정조 22년의 하교

1798년 새해에 방백과 유수들에게 내린 권농하교 요지는 다음과 같다.

“입동에서 압일까지 70여 일 사이에 세 번 눈이 내리면 풍년이 든다고 했는데 올해는 27번이나 큰 눈이 내렸다. 이것은 풍년이 들 상서로운 징조다. 하늘의 도움에 보답하는 길은 권농뿐이다. 방백과 유수들은 농사를 잘 짓도록 권장하는 책임이 있다. 경들은 농사일이 시작되어 끝날 때까지 소홀함이 없도록 노력하여 풍년을 달성하라.”

4. 재해구휼윤음

(1) 가뭄에 대한 구언의 윤음

1782년(정조 6년) 5월 22일에 반포한 윤음이다. 재해의 원인을 찾아보고 방책을 구하는 내용이다. 내용을 간추리면 다음과 같다.

"과인이 왕위에 오른 지 6년이 되었으나, 혜택이 백성에게 닿지 않고 정성이 하늘을 감동시키지 못하여 재해가 잇따르고 있다. 봄부터 비가 오지 않은 지 3개월이나 되었다. 보리는 흉작이고, 모내기도 때를 어기게 되었으며, 며칠만 비가 안 오면 큰 흉년이 될 것이다.

재난은 까닭없이 생기는 게 아니고 반드시 원인이 있는 법이다. 근본이 튼튼하지 않으면 변고가 따르기 마련이다. 국세(國勢)는 위태롭게 되고, 세금은 늘어나며, 용도는 절제가 없다. 기강은 해이해지고, 풍속은 날로 저하되고 있으며, 인재는

흥기(興起)하지 않고 있다. 일신상의 이익에만 마음을 쓰고 사치가 극에 달하여 말류(末流)가 범람하고 있다. 각신(閣臣)은 한결같이 망설이고 침묵을 지키며 해면(解免)되는 것을 다행으로 여기니 내가 믿을 사람이 없다.

지금은 군신상하가 한 마음으로 구습을 고치고 새롭게 출발하는 것이 재앙을 없애는 방책이 될 것이다. 대소신료들은 쓴 말이라도 좋으니 어렵게 여기지 말고 품은 마음을 제대로 진달하라."

(2) 호남에 내린 구휼윤음

1783년(정조 7년) 9월 22일, 팔도에 윤음을 내려 백성들이 국가기관에 납부할 각종 부담의 물량, 방법 및 절차에 편의를 제공하는 아홉 가지 혜택을 지시한 바 있다. 이어서 각 지방별로 내탕고 물품을 내리면서 도별로 윤음을 내렸는데 호남에 내린 윤음을 보기로 한다.

"금년의 재해는 전례 없이 홍수, 태풍, 가뭄과 우박이 번갈아 피해를 줌으로써 손쓸 겨를도 없었다. 호남은 네 가지 피해를 모두 입었다는 보고를 받고 잠을 이루지 못했다. 농사란 한 곳이 못되면 다른 곳은 잘되고, 벼가 병들면 기장이 잘 되는 법인데 금년에는 모든 곳이 흉작이다. 먹을 것이 없고 입을 것이 없다면 어떻게 살아갈 수 있겠는가. 내가 부덕하여 재해를 불러 들였으니 두렵다.

아홉 가지 조치를 이미 취한 바 있으나 미진한 점이 많다. 재해를 입은 백성을 구휼하는 것은 불길 속에서 구해 내고 물길 속에서 건져 내는 것과 같아 겨를이 없어야 한다. 곡물 10만 석을 진휼 밑천에 보태도록 하였으니 많지 않지만 고심 끝에 내린 결정이다. 행여라도 고향을 뜨지 말라. 나를 믿고 두려워 말라."

5. 권농정구농서윤음

(1) 농정공론화와 민주정치

정조는 즉위 22년째인 1798년 11월에 신하와 백성을 대상으로 농사에 도움이 되는 의견과 책을 구하는 윤음을 내렸다. 이를 권농정구농서윤음(勸農政求農書綸音)이라 한다. 지금까지 윤음은 상의하달(上意下達)의 지시, 명령 또는 공지의 성격이 강한 일방적 의사전달체계였다.

농정논의를 권장함으로써 농정공론, 민의수렴 및 쌍방적 의사교환 및 국민적 공감 형성 등 농업분야에서 민주정치를 견인한 역할을 한 것이다. 중의정치(衆意政治)를 시도한 임금이라는 역사적 평가를 할 수 있다.

(2) 권농정윤음의 반포 목적

정조는 권농정구농서윤음을 발표할 때는 당시 농정문제의

해법을 찾고 농사대전을 편찬한다는 표면적 이유가 있었다. 그러나 본심은 다른 데 있었을 것이다.

중국의 농서나 선대왕조의 농업에 일가견을 가지고 있을 뿐만 아니라 20년 이상 왕위에 있으면서 재해문제, 기아문제, 토지문제, 환곡문제 등에 대한 축적된 경험으로 무장된 학자임금이다.

윤음에도 농업문제의 본질과 해법을 제시하고 있다.

권농정윤음을 반포하여 농정의 공론화를 유도한 진짜 이유는 농민, 수령 및 신하들에 대한 계도, 이해 및 지지를 얻기 위한 목적이 더 컸을 것이다. 정조는 매년 내리는 세수권농윤음에서도 풍작을 이루기 위한 농민의 도리와 농법을 소개하고 이를 준수하도록 강조해 왔다. 지방수령들에게도 농사에 대한 지식과 책임을 가지고 지역농업을 보살피라는 지시가 많았다. 중앙신하들에게는 수리사업 등 농업정책의 추진을 강조해 왔다. 그러나 실행이 안 되거나 실적이 저조한 경우가 많았기 때문이다.

(3) 구농서윤음의 반포목적

정조는 세종의 농사직설(農事直說)과 효종시대의 농가집성(農家集成)을 모델로 조선후기의 대표적인 농업지침서를 만들의도였다. 정조는 국가 표준 농법을 집대성한 "농가지대전(農家之大典)"을 편찬한다는 계획을 가지고 있었다.

1798년 11월에 윤음을 고시하였고, 1799년 정초에는 지방관들의 응지율이 저조하다고 질타하고 의무적으로 제출하라고 독촉하는 윤음을 다시 내렸다.

그러나, 응지상소를 올린 지방관들은 7명에 불과했고, 농가대전도 편찬되지 못했다.

28. 종합농서

1 농사직설(農事直說)

세종의 명에 의하여 정부사업으로 추진하여 세종 11년(1429년)에 편찬된 농서다. 이 책은 우리나라에서 실제로 이용되고 있는 농법을 체계적으로 정리한 농서다.

2 농가집성(農家集成)

효종 6년(1655년) 공주목사 신속(申洬)이 송시열의 도움으로 편찬한 책이다. 농사직설을 비롯하여 지금까지 간행된 책을 종합하여 편찬한 농서다.

3 **색경(穡經)**

숙종 2년(1678년)에 박세당이 편찬한 종합 농서다. 색경은 중국의 농서를 참고로 삼은 탓으로 체계적이나, 독창성이 미흡하다는 평을 받고 있다.

4 **산림경제(山林經濟)**

상주목사를 지낸 홍만선이 지은 농촌생활의 지침서로서 농촌의 의식주와 치농, 치포, 산림, 축산, 양잠 및 약초 등 농업분야도 다루고 있다.

5 **북학의(北學議)**

박제가가 연경(베이징)에 다녀와서 중국의 문물을 소개하는 문화탐방기라 할 수 있다. 북학의는 외편과 내편으로 나누어 다양한 주제를 선정하여 소개한 책이다. 정조의 권농정윤음이 반포되자, 농업부문만 별책을 만들어 상소를 올린다. 이책을 진소본 북학의(進疏本 北學議)라 한다.

6 **과농소초(課農小抄)**

박지원이 63세의 늙은 나이로 정조의 권농정윤음에 응소하기 위해 쓴 책이다. 연경방문, 박제가의 북학의 서문작성, 단양부사 등 지방수령을 역임, 20년의 농업연구실적 등이 당대 최고의 농서로 평가받았다.

7 해동농서(海東農書)

정조의 홍재전서 편찬작업을 하였던 서호수에 의해 편찬된 농서다. 이 책은 우리나라 농업을 바탕으로 하되, 중국 농업을 무조건 배척하거나 전면 수용하기보다 선별적인 취사 선택이 있어야 한다는 입장에서 썼다.

8 농정회요(農政會要)

순조 30년(1830년)에 최한기가 편찬하였으며, 산업발전의 요체는 농민과 정부 사이의 착취와 폐단을 제거하는 것이라면서 농정개혁을 강조한 책이다.

9 임원경제지(林園經濟志)

서유구가 편찬한 농업백과사전이다. 서유구는 해동농서를 편찬한 서호수의 아들로서 순창군수를 거쳐 대제학까지 지냈다. 임원경제지는 16지로 나누어져 있으며, 모두 113권 54책으로 된 방대한 저서다. 총론 부분인 본리지(本利志)만 13권 6책에 달한다.

(4) 권농정구농서윤음의 요지

1 농업의 중요성

정조는 농업을 땅에서 재물을 기르는 것이라 하였다. 농업의 중요성을 윤음에서 다음과 같이 표현하고 있다.

① 백성은 나라의 근본이고, 농사는 백성의 근본이다(民者國之本. 而農者又民之本也.).

② 수령칠사 중 농업이 으뜸이라. 백성은 하늘로 삼고 나라가 근본으로 삼는 이유가 여기에 있다(而守令七事. 農最居先. 則民之所以爲天. 國之所以爲本.).

③ 나라의 근본은 백성에게 있고, 백성의 근본은 농업에 있다(國之本在民. 民之本在農.).

④ 나라는 백성을 근본으로 삼고, 백성은 농업으로 살아간다. 농사를 짓지 않으면 식량이 없고, 식령이 없으면 다스릴 나라도 없다(國以民爲本. 民以農爲生. 農不殖則民不穀. 民不穀則國何又).

2 근면의 중요성

농사는 농민이 자기가 노력한 만큼 거두어 먹는 법이라(農者. 民之自力而自食也.)고 하면서 스스로 알아서 할 일이지 간

섭할 일이 아님을 분명히 하고 있다.

정조는 농업의 근본은 근면과 수고에 있으며(農之本 在乎勤興勞), 노력하지 않고도 수확을 했다는 말을 들어보지 못했다고 밝히고 노동량과 수확량이 비례한다는 점을 강조하였다. 부지런한 사람은 굶지 않는다면서 태만을 실농의 원인으로 보았다.

국민이 끼니를 굶는 것은 농사를 소홀히 한 농민의 책임임을 강조하고 있다. 만드는 것은 하늘이고, 기르는 것은 땅이며, 이루는 것은 사람이라는(生之者. 天也. 養之者. 地也. 成之者. 人也.) 관점에서 사람의 역할을 강조한 것이다.

3 천시, 지리 및 인사의 중요성

농사는 하늘의 절기를 따르는 천시(天時)가 중요하고, 땅의 성질을 이용하여 농작물을 생산하는 지리(地利), 사람이 힘을 다하여 일하는 인사(人事)를 농사의 기본으로 보고 있다. 천시를 따라도 지리의 혜택을 보지 못하면 농사는 안되고, 지리를 이용해도 인사를 다해야 한다는 것이다.

4 수리, 토질 및 도구의 중요성

윤음에서 토양을 비옥하게 하고, 수리시설을 건설하고, 농기구를 이용하는(興水功 相土宜 利農器) 세 가지가 농사의 요건이라 하였다. 그 중에서 수리시설이 우선(水功居先)이라 하였다.

5 신하와 백성의 의견수렴

농정을 일으키고 농서를 구하고자(起我農政 綵我農書) 한다는 윤음의 목적을 밝혔다. 양반 관료층 뿐만 아니라 일반 서민층에 이르기 까지 농업정책에 대한 의견과 농사에 관한 책을 제출해 달라는 당부를 하고 있다.

6. 응지, 소(疏)와 책(册)

(1) 윤음에 응한 상소사

정조의 1798년 윤음에 응하여 1799년 6월까지 총 83인이 농정 의견서 및 농업서적을 제출하였다. 어떤 자료는 윤음에 응하여 상소를 올린 사람이 모두 69명이고, 이 중에서 정책에 관한 의견 개진자가 27명이며, 농서 진상자가 42명이라 밝히고 있다. 그러나 이 숫자는 검토를 마친 것들이다.

상소를 하였으나 검토되지 아니한 것들도 많다. 인영본(印影本)이 남아 있으나 응답서 집계에서 누락된 농정소와 농서들이 14편에 달한다. 14편의 상소 및 농서들은 다음과 같다.

① 박지원의 과농소초(課農小抄),

② 박제가의 북학의(進疏本 北學議),

③ 강순의 진어농서(進御農書),

④ 서유구이 순창군수응지소(淳昌郡守應旨疏),

⑤ 신작의 신계현농서조대(新溪縣農書條對),
⑥ 양주익의 구농서응지소(求農書應旨疏),
⑦ 유심춘의 상농서(上農書),
⑧ 이대규의 농포문답(農圃問答),
⑨ 이진택의 응지진농무책자오조(應旨進農務册子五條),
⑩ 이채의 농서(農書),
⑪ 임장원의 농소(農疏),
⑫ 정문변의 농서(農書),
⑬ 정약용의 응지농정소(應旨農政疏),
⑭ 조용국의 농서총론(農書總論) 등이다.

(2) 응지 상소자의 신분

응소자 중 유생이 가장 많았으며, 생원과 진사, 현직 관리와 전직 관리 등이 대부분이었다. 그리고 지방수령은 곡산 부사 정약용, 면천 군수 박지원, 영평 현령 박재가, 순창 군수 서유구, 안성 군수 정문변, 영월 부사 이경오, 숙천 부사 임장원 등 7인이 응지소를 제출한 것이다. 이 중 영월 부사 이경오의 소(疏)만이 검토과정을 거친 것이다.

(3) 응소자들이 제기한 주제들

농정상소에서 제기하고 있는 문제들을 분류해 보면, ① 토지, ② 개간, ③ 수리, ④ 과세, ⑤ 간리(奸吏), ⑥ 환곡, ⑦ 부역, ⑧ 농법, ⑨ 유식(游食, 놀고 먹는 인구), ⑩ 광작(廣作, 지주의 토지확장), ⑪ 무전(無田), ⑫ 억말(抑末, 말업의 억제) 문제 등으로 요약할 수 있다.

특히 토지의 소유와 분배 문제는 한전(限田)과 균전(均田)에 대한 주장이 많았고, 토지의 집중으로 인한 폐해와 빈농의 불편을 덜기 위한 토지 · 농우(소) 등의 임대와 임대료 규제를 제안한 경우가 많았다. 이농과 전업을 막기 위해 상공업 등 말업의 억제를 주장하는 상소도 있었다.

(4) 상소에 대한 비답

정조는 권농정구농서윤음에 응하여 농서를 진상한 인사들에게 판부(判付, 임금의 허락)나 비답(批答, 상소에 대한 답장)의 형태로 일일이 내용을 평하여 회신했다. 정산 유생 김훈, 광주 진사 이창우, 영광 진사 이대규, 성주 진사 최연중, 함창 유생 신소평, 공주 유생 임박유와 생원 유진목, 양주 유생 안성탁, 홍천 유생 이광한, 고성 유생 권현 등이 정조의 평가와 비답을 받았다.

:: 29. 영광 진사 이대규의 농서에 대한 판부 ::

주자(周子)의 정(靜), 장자(張子)의 성(誠), 정자의 경(敬), 요강(姚)의 치지(致知)와 천음(川陰)의 신독(愼獨)이 모두 배움(學)에서 출발한다. 영광 진사 이대규(李大圭)의 농포문답(農圃問答)이 선택할 것이 많은데 강절(康節) 소옹(邵擁)의 어초문대(魚樵問對)를 모방하고 율곡 이이의 동호문답(東湖問答)을 본받았다. 천시(天時), 지리(地利) 및 인사(人事)에 대해 조리있게 정리하였다. 농정에 도움이 되는 말을 수집하여 농서에 포함시키도록 하라.

7. 농정개혁과 한계

(1) 농정의 개혁

1 애민명농(愛民明農)

백성을 아끼고 농업을 밝히는 것이 임금의 성덕이고 지선으로 삼았다. 농사를 꼼꼼히 챙겨 어려움을 보살피는 일이 왕업의 기반이라는 신념을 가지고 있었다. 정조는 '팔도 백성들은 나의 어린 자식과 같다. 혹시 먹을 것이 없어 굶고 있는 것이 아닌지 걱정되고 두렵다. 궁궐에서 흰쌀밥을 대할 때마다 한 순간도 백성과 농업을 생각하지 않는 적이 없었다(1781년 권농윤음).'

정조는 풍년이 으뜸가는 상서(祥瑞)로서 임금의 경사이고 농민의 소원이라 했다. 백성이 배가 불러야 나라가 편안한 법이며 풍년을 이루기 위해 매년 정월 권농윤음을 내리고, 풍년제와 기우제를 몸소 지낸다는 것이다. 궐내 후원에 벼를 심고 베는 일을 하는 것도 농사일을 돌이보는 뜻에서 한 것이다. 백성에게 도움이 되고 삶을 조금이라도 윤택하게 하는 일이라면 소홀히 하지 않는다고 밝히고 있다.

2 민의수렴

정조는 민의수렴, 민원해결 및 정책전달 등을 위해 언로(言路)의 확충에 노력했다. 임금의 윤음을 백성이 이해할 수 있도록 한글판을 별도로 만들어 윤음에 첨부하도록 하였다. 민의(民意)와 중지(衆知)를 모으기 위해 농정의 공론화를 권하는 권농정구농서윤음을 발표한 것은 획기적인 민주화 조치라 할 수 있다.

정조는 1798년 11월 30일에 권농정구농서윤음을 내리고, 다음날 당시 우의정 심환지에게 보낸 편지에서 널리 유포할 것을 다음과 같이 당부한다(정조어찰첩).

"윤음에 대하여 듣는 사람은 반드시 옳다고 믿을 것이다. 인쇄본을 내일 각리(閣吏) 편에 다수 보낼 것이니 한양, 충청의 여러 사람과 수령들에게 전하여 널리 알리게 하는 것이 어떠한가?"

3 농사권장

권농이 수령의 직책이며 수령의 권농여하에 따라 풍흉이 결정됨을 매년 강조해 왔고, 장리의 직분 중 장리의 권농이 중요한 임무임을 권농여하에 따라 풍흉이 좌우된다고 지적해 왔다.

장리의 직분도 농사철에 시간을 빼앗지 않고 생업을 방해하지 않으며 농민을 보살피고 도와주는 일(不奪其時. 不撓其業. 時省而助補者. 長吏之職也.)이라고 밝히고 있다. 농업의 도리를 지키도록 교화하는 것도 방백, 유수 및 수령의 직분으로 보았다.

4 수리시설

정조는 용수(興水功), 토양(相土宜), 농구(利農器)의 세 가지가 농업에 중요하다고 했다. 그 중에서도 용수와 배수를 조절하는 수리사업을 추진하기 위해 정조 2년(1778년)에 제언절목을 반포하였고, 6년에는 제언에 대한 일제 조사를 실시하였다.

권농정구농서윤음에서 수리의 중요성을 강조한 결과 수리진흥에 대한 관심과 논의가 활발해졌다. 1798년 12월 16일 신재형의 제 · 언 · 보의 보수가 절실하다는 농소가 있자 정조는 12월 22일 전국의 제(堤), 언(堰) 및 보(洑)를 조사하여 다음해 농사철 이전에 모든 공사를 마치라는 명을 내렸다. 본격적인 수리사업이 실시되었고 성과도 큰 것으로 평가되고 있다.

화성 신도시 건설의 일환으로 저수지신축, 하천준설, 제방축조, 국영농장 조성과 경영체제 구축은 농업발전의 가능성을 보여준 시범사례였다. 농업생산성의 향상과 가뭄 내구성이 입증됨에 따라 전국적으로 확대할 방침이었다.

(2) 개혁의 한계

정조시대 농정은 생산성을 높이기 위한 농업기술의 향상과 재해에 대비한 수리시설 확충에 노력하였고, 성과도 있었다. 농민의 농사에 대한 책임과 근면을 강조함으로써 지주계층의 부상과 소농계층 및 소작계층의 해체와 분화가 가속화되었다. 지방 수령에게 권농책임을 부여함으로써 지역간 경쟁과 협력을 통한 농법의 발전을 가져왔으나 관치농업의 부작용이 생기게 되었다.

삼정의 문란으로 인한 농민 수탈구조를 차단하기 위한 토지제도, 양역제도 및 환상제도의 개혁을 외면했다. 신분제도가 약화되고 있었으나, 신분차별을 없애기 위한 근본적인 조치보다 서얼허통의 실시와 노비추쇄의 폐지와 같은 부분적이고 소극적인 개선에 그쳤다. 인재등용과 인력활용을 위한 과거제도의 개혁도 실학파의 논의만 무성했지 실행은 없었다.

농민의 수탈구조 개혁, 신분간 차별과 불평등 해소 및 인재등용과 인재활용의 개혁은 별로 진전이 없었다. 개혁의 당위성을 인정하면서도 현실적인 장벽을 이유로 이를 외면한 것은 정조의 정치력 한계라 하겠다.

5

다산의 농정개혁론

1. 응지농정소

다산은 1797년(정조 21년) 6월부터 1799년 4월까지 곡산 부사로 재직하면서 세 가지 저술을 하게 된다.

첫째는 자신이 천연두를 앓았고, 마마자국이 남아 있던 다산은 마과회통(麻科會通)을 완성하여 종두치료법을 정리하였다.

둘째는 왕명에 의해 사기영선(史記英選)의 주석을 간결하게 정리한 사기집주(史記集註)를 마무리하여 임금에게 올렸으며,

셋째는 농업정책 방향을 제시한 응지농정소(應旨農政疏)를 정리하여 정조의 「권농정구농서윤음」에 답한 것이다.

다산은 농서는 제출하지 않았고, 농정상소문만을 올렸다. 다산은 응지농정소에서

① 농업을 기피하는 세 가지 원인을 제시하고(삼불론),

② 원인별로 편농, 후농 및 상농의 세 가지 정책대안을 제안하고 있다(삼정론).

③ 근본적으로 양역제도, 환상제도 및 과거제도 등 제도의

개혁이 있어야 한다고 주장하고 있다.

다산이 농정상소에서 제기하고 있는 개혁의 범위, 대상 및 내용은 국정제도 전반에 걸친 광범위한 것이다. 왕권 유지의 근간이라 할 수 있는 제도까지 수정을 주장한 파격적인 것이다. 다산의 농정개혁안은 농업 내부로부터의 개혁보다 농업외부로부터의 개혁을 더 강조하고 있다. 포괄적이고 성역없는 개혁을 수장한 것이다.

다산의 농업에 대한 시각과 농정에 관한 대안은 응지농정소(應旨農政疏) 이외에

① 농책(農策), ② 신포의(身布議), ③ 환상론(還上論), ④ 전론(田論), ⑤ 통색의(通塞議), ⑥ 목민심서(牧民心書), ⑦ 경세유표(經世遺表) 등의 글과 책에서 볼 수 있다.

다산은 응지농정소에 토지제도에 관한 자기 견해를 밝힌 전론(田論)을 첨부하여 제출하였다. 전론 1편은 토지를 고르게 소유해야 한다는 주장을 하고 있다. 전론 2편은 정전법(井田法), 균전법(均田法), 한전법(限田法)의 불합리성을 지적하고, 경자유전의 원칙을 지켜야 한다는 견해를 밝히고 있다. 전론 3편과 4편에서 여전법(閭田法)이 합리적인 토지제도임을 주장하고 있다. 5편에서는 놀고먹는 사람은 곡식을 얻을 수 없도록 하여 유식인(遊食人)이 농사로 돌아가도록 해야 한다는 것이다. 전론 6편과 7편에서는 여전제의 실시에 따른 부수적인

조치들을 설명하고 있다.

다산의 응지농정소(應旨農政疏)의 특성을 다음과 같이 정리할 수 있다.

첫째, 자발적인 상소가 아니라 정조의 하교에 따라 의견을 제출한 것이다. 많은 지방수령들 중에서 7명만이 농정의견 또는 농업서적을 제출했다.

둘째, 정약용은 박지원, 박제가, 서유구 등과 함께 정조의 신임, 농업에 대한 소신과 식견이 있는 준비된 수령이기 때문에 적극적으로 윤음에 응할 수 있었던 것이다.

셋째, 다산은 암행어사 시절 목도한 농촌의 참상, 곡산부사로 2년간 민생 향상과 적폐 시정을 위해 노력한 실무 경험에서 나온 생생한 소리였다.

넷째, 균민의 시각에서 농민에 대한 차별제도와 착취구조, 불평등과 불이익을 극복할 대안을 국가전체의 틀 속에서 찾았다.

다섯째, 농본정신과 개혁의욕을 바탕으로 농민이 안고 있는 핵심적인 문제를 적시하여 편농, 후농 및 상농이라는 명작을 남긴 점이다.

2. 농업 삼정론(三政論)

(1) 삼불과 삼정

백성들이 농사를 멀리하는 이유를 농사가 다른 일보다 못한 것이 세 가지가 있기 때문이며, 이 세 가지를 해결하지 못하면 농사를 지으려는 사람이 없을 것이라 했다. 사람들은 신분이 낮은 것을 부끄러워하며, 이익이 적은 일을 하기 싫어하고, 힘든 일을 즐겨하지 않기 때문이다.

농사가 다른 일보다 못한 세 가지(三不如者)는
첫째는 대우가 선비보다 못하고(尊不如士)
둘째는 이익이 상업보다 못하며(利不如商)
셋째는 편하기가 공업만 못하다(安佚不如百工)는 것이다.

농유불여자삼(農有不如者三)을 극복하기 위한 정책이 세 가지가 있다.

첫째는 편하게 농사짓도록 하는 편농(便農)이요,
(便農 將以佚之也)
둘째는 농사로 이익을 늘리도록 하는 후농(厚農)이요,
(厚農 將以利之也)
셋째는 농민이 우대받도록 하는 상농(上農)이다.
(上農 將以尊之也)

(2) 편농정책

농사일이 힘들다고 하는 것은
① 노력이 모자라기 때문이고,
② 논밭을 다루는 법을 잘 모르기 때문이고,
③ 우량 종자를 선택하지 않기 때문이며,
④ 농기구가 불편하기 때문이요,
⑤ 수리시설이 제대로 안되어 있기 때문이다. 이것을 보완하면 편농이 가능하다.

논밭의 이용방법을 연구하여 곡식의 종류에 따라 고랑과 이랑의 간격과 넓이를 정하고 이를 준수하면 노력은 줄이고 수확은 늘일 수 있다. 병 없는 충실한 종자만을 골라 뿌려야 낟알이 굵고 수확도 증가할 것이다.

농기구의 제작이 정밀하지 못하여 사용이 불편하고, 농기구의 사용법을 모르거나 제작법을 몰라 농민은 힘들고 성과는 적다. 편리하고 정밀한 농기구를 만들어 보급해야 한다.

기근의 근본을 다스리는 것이 치수사업이다. 물의 높낮이와 물의 흐름을 정확하게 측정하고 수리시설의 비용을 계산하여 타산이 맞으면 시공방법의 시험을 거쳐 공사를 하면 성공하게 된다. 간척지의 둑(堤堰) 공사는 조세와 풍세가 가장 중요하며, 저수지의 제방은 지세의 높낮이와 몽리구역의 면적이 중요한 관건이 된다. 토질이 모래와 자갈로 된 저수지는 굴착해도 물이 고이지 않기 때문에 밭으로 전환하여야 한다.

농사의 이치는 원래 정교한 것인데도 아무렇게나 다루기 때문에 노력하고도 이익이 적다. 농사를 정성들여 정교하게 작업을 해야 발전이 있다는 정농(精農)을 강조하였다.

(3) 후농정책

농민의 살림이 빈궁한 것은

① 환상제(還上制)의 악용과 농간으로 백성들의 부담이 커지기 때문이요,

② 부업, 과수 및 축산 등으로 소득을 올릴 수 있는데도 이를 장려하지 않기 때문이고,

③ 도량형기가 통일되지 않아 백성들을 속여 폭리를 취하기

때문이라 하였다.

화전을 방치하여 산은 벌거숭이가 되었고, 목재도 구하기 어렵게 되었으며, 남벌로 유실수가 사라져 과일 생산도 기대하기 어려운 상황이라고 설명하고 있다. 담배 같은 기호품을 너무 많이 심고 평야지에 심기 때문이다. 이런 폐단을 개선하는 것이 후농이다.

부업, 과수 및 축산 등 다양한 분야에 걸쳐 농사를 짓도록 하고, 화전금지나 남벌통제 등을 통하여 자원을 보존하거나 환경을 보호하여야 한다. 담배같은 기호품은 농토가 아닌 산이나 들을 이용하도록 유도해야 한다.

양곡배정은 가구수와 양곡량을 기준으로 하여 균등 배정하고, 모곡(耗穀, 감모량)은 10분의 1로 명확하게 정해야 하며, 10년마다 양곡배정 분량을 조정하면 농민의 부담과 재정의 압박도 개선될 것이라 전망하였다. 또한 역서를 편찬할 때 농법을 같이 기재하도록 제안하고 있다.

(4) 상농정책

농민이 우대를 받게 하기 위해서는

① 과거를 빙자하여 놀고먹는 선비들이 농사를 짓도록 과거제(科擧制)를 개혁하여야 한다. 이것은 사족(士族)을 농사짓게

하여 사농합일(士農合一)을 실현하려는 것이다.

② 말업을 견제하여 농업에 종사하도록 하여야 하며,

③ 양인에게만 부과되는 양역을 양인과 양반이 균등하게 부담하도록 양역제를 개혁하고,

④ 군주가 친경을 하고 고관이 농사의 모범을 보여야 한다는 것이다.

말업(末業)이 농업보다 우세해졌다. 황해도 수안 금광에는 횡재를 노리는 건달들이 몰려들고 있으며, 산간지역의 물가폭등, 도적준동, 재산탕진과 풍기문란이 도를 넘고 있다고 표현하면서 말업의 억제를 주장하였다.

3. 과거제도의 개혁

양반의 폐단은 일하지 않고 놀고먹는 폐단, 병역 면탈의 특권, 그리고 관직독점이라고 지적하고, 이런 폐해를 없애기 위해서는 당파, 문벌 및 신분에 상관없이 우수한 인재를 관직에 임명해야 한다고 주장했다. 인재등용에 있어서 음직(蔭職)을 축소하고, 과거제도 혁파를 주창하였다.

1 응시자 정원배정

다산의 개혁안은 과거응시자의 정원을 지역별 및 단계별로 사전에 배정하고, 단계별 시험을 통하여 능력있는 인재만을 뽑아야 한다는 것이다, 선발된 인재들은 신분차별 없이 임용해야 한다고 강조하였다.

2 특별과거의 폐지

양반 문벌을 위한 별시, 정시, 증광시, 알성시 등의 특별과거제도 폐지를 제안하였다. 반면에 중인, 서얼 및 천인과 소외

된 서북, 개성 및 강화의 인재를 선발하는 특별시험제도의 도입을 주장하였다.

3 양반의 생산참여

양반이 생산활동에 참여하지 않을 경우 생산물 분배를 금지해야 하며, 양반의 직업으로 ① 농업, ② 상업, ③ 수공업, ④ 교육, ⑤ 실리강구(實理講究)를 추천하였다. 실리강구는 작물재배, 수리시설, 농기계 및 축산업의 연구와 지도를 의미한다.

4 농민의 관직임용

농업을 전농(田農, 곡물), 원전(園廛, 과수), 포휴(圃畦, 채소), 빈공(嬪功, 직물), 우형(虞衡, 산림), 축목(畜牧, 축산) 등으로 나눴다. 육과(六科)에 종사한 농민 가운데 공이 큰 경우 관직에 등용하자는 제안도 하였다.

5 무재이능과 신설

풍부한 재주와 탁월한 인물을 뽑기 위해 10년마다 실시하는 과거를 도입하자는 것이다. 무재이능과(茂才異能科)는 서북, 개성, 강화 등 차별받는 지역 사람들과 천인, 서얼 등 하층민을 대상으로 10년에 한번씩 시험을 실시하여 10명의 인재를 발탁할 것을 제안하였다.

:: 30. 다산의 통색의(通塞議) ::

지금은 전국의 인재를 전부 등용해도 부족한 실정인데 인재를 버리고 있다. 천민과 중인을 전부 버리고, 서관과 북관 사람들을 전부 버리고, 개성과 강화 출신을 버리고, 관동과 호남 사람들은 반쯤 버리고 있다.

차별을 없애고 능력에 따른 인재등용을 할 수 있도록 지역, 신분 및 당파에 의해 차별하지 않고 통색해야 한다. 현명한 사람은 적어서 걱정이고 우둔한 사람은 많아서 걱정이다. 인재를 발탁하고 활용하는 데 명문 가문과 차별을 두지 말아야 한다.

4. 환상제도의 개혁

환상제도(還上制度)는 봄철에 식량이 떨어진 백성들에게 나라에서 식량을 대여해 주고 추수가 끝나면 이자와 함께 환수하는 제도를 말한다. 원래는 복지제도였으나 점차 가렴주구제도로 변질되었다. 법으로는 모곡(耗穀: 감모량)이 원곡의 10분의 1이었으나, 각종 명목으로 사실상 10분의 5 정도의 고리대업이 되고 말았다.

조선후기 ① 전정(田政), ② 환정(還政), ③ 군정(軍政)의 삼정문란 가운데서도 환정이 가장 문란했다. 환상의 수입원은 국가경비로 10분의 1, 지방관청 경비로 10분의 2, 하급관리들의 부정착복이 10분의 7에 달하였다 한다.

임진왜란을 분기점으로 환상제도의 성격이 변질되었다. 국고가 고갈되고 전비는 늘어나 모곡을 추가 징수하여 경비조달을 했다. 국가기관들은 대부분 모곡에 의존하게 되었고, 이 기관들은 경쟁적으로 환곡을 만들어 제멋대로 운영함으로써 고리대업으로 전락하게 되었다.

환상제도의 개혁안을 환향의(還餉議), 목민심서(牧民心書) 및 경세유표(經世遺表)에서 설명하고 있다.

:: 31. 환향의의 개혁안 ::

1) 곡명(穀名)의 문란: 12개 이상의 많은 곡류를 취급.
곡식의 종류를 5개로 한정,
2) 아문(衙門)의 문란: 환곡 실시기관이 너무 난립,
환곡에 아문의 이름 부착
3) 석수(石數)의 문란: 매호당 환곡수량이 불분명,
호당 환곡의 물량을 고정
4) 모법(耗法)의 문란: 모곡의 법정비율을 초과 부과.
10분의 1인 모곡비율 현실화
5) 순법(巡法)의 문란: 환곡을 8회로 나누어 분급
일시에 주고 분급제 폐지
6) 분류(分留)의 문란: 분배물량과 창고유치물량 불분명.
창고유치물량을 10% 이내로 축소
7) 이무(移貿)의 문란: 모곡의 판매와 환전과정의 혼란.
풍년에 곡식을 사서 흉년에 파는 상평창제도나 조적제도의 도입

32. 목민심서의 개혁안

1. 수령이 출납물량을 직접 관리
2. 아문별 · 곡종별 물량대장 작성
3. 환곡 수입 및 수납 관리 강화
4. 환곡 수령 확인 및 분급 조정
5. 환곡의 용도외 부당 사용 관리

33. 경세유표의 개혁안

1. 환상제도의 호조와 감영관리
2. 환곡물량의 절감과 물량고정
   (1,500만석을 1,200만석으로)
3. 환곡은 호구를 기준으로 배정
4. 계산방법을 10진법으로 개편
   ("15두 1석"을 "10두 1석"으로)
5. 모든 곡종을 12종류로 한정
6. 호당 8석, 연 2회 배분 원칙
7. 모곡 이율 10분의 2를 적용

5. 양역제도의 개혁

(1) 양역제 폐지 이유

다산은 양역제도(良役制度)를 폐지할 것을 주창하였다. 양반의 군역을 면제하고 양인에게는 군역을 부담시키는 신포법(身布法)을 폐지하여야 한다고 주장하였다. 양반과 양인이 균등하게 군포를 부담하도록 한 호포구전법(戶布口錢法) 실시를 제안하였다.

양인(良人)은 양반, 중인, 양인, 천인으로 나누는 사회신분제도에서 중인과 천인 사이에 있는 계급이다. 양인들은 농업, 어업, 상업 및 공업에 종사하고 있었다. 양인을 천인시하는 풍조는 군포(軍布)의 부담을 양인에게만 부담시켰기 때문이다. 양역(良役)이 아니라 천역(賤役)이라는 것이다.

다산은 양인의 일은 농민의 일과 직결된다고 강조하면서 과거를 보지 않는 양반들을 농업에 종사하도록 하고, 양인 중에서 특별한 공적이 있으면 관직에 임용해야 한다고 제안하였다.

(2) 양역제의 변화

조선시대 초기에는 국민병제의 원칙에 따라 16세 이상 60세 이하의 모든 남자는 군역의무를 지고 있었다. 그러나 농병일치의 국민개병제는 양반자제의 군역면탈과 대역제로 이어졌다.

중종조에는 군포제가 도입되었다. 임진왜란 직후부터는 군포 2필을 바쳐야 군복무 면제를 받을 수 있었다. 영조 26년에는 균역법이 제정되었고, 부담도 군포 2필에서 1필지로 줄었다.

군포가 반으로 줄어 경비충원을 위한 변칙적인 방법들이 동원되었다. 죽은 사람 몫을 징구하는 백골징포, 군역의무가 없는 어린이 몫까지 징수하는 황구첨정, 도망한 장정이 있을 경우 친척에게 군포를 징수하는 족징, 이웃사람에게 징수가 어려우면 동네 사람에게 연대책임을 묻는 인징 등이 있었다.

(3) 양역제의 폐단

① 양인들의 부담이 가중되었다. 군현 단위 총액제로 운영됨에 따라 군포 감면에 따른 결손을 보충해야 했다. 여기서 유령인, 노인, 소인 등에게 부담시키고, 이포, 동포 등이 생긴 것이다.

② 양인들의 신분상승을 위한 편법 동원과 양반수가 늘어나 군포징수가 감소하였다. 군포의 감소는 양인의 부담을 가중시키는 악순환을 초래했다.

③ 양인 신분인 농민의 불만이 커지고 민심의 악화를 초래했다. 양반과 힘센 양인은 면제받고, 농민은 평균 두 사람 몫을 부담해야 했기 때문이다.

6. 토지제도의 개혁

다산의 토지제도 개혁안은 크게 두 부류로 나눈다.

하나는 38세에 정리한 전론(田論)에서 제시한 여전제(閭田制)이고, 다른 하나는 56세에 경세유표(經世遺表)에서 전개한 정전제(井田制)다.

다산은 토지제도를 비롯한 농업문제를 학문적으로 접근한 인물이었다. 다산이 토지제도의 개혁을 주장한 이면에는 지주의 토지겸병의 폐해를 없애고, 경작자가 토지를 이용함으로써 생산력을 높인다는 문제의식에서 출발한 것이다.

1 여전제(閭田制)

여전제의 기본원칙은 농사짓는 사람이 토지를 갖고, 농사짓지 않는 사람은 토지를 갖지 못한다는 경자유전의 원칙이다. 농자득전 불위농자 부득전(農者得田 不爲農者 不得田)이라고 표현한다. 여전제의 기본내용은 30가구를 일려(一閭)로 하는 협동농장을 만드는 것이다. 이 안은 네 땅 네 땅이 없는 토지

공유, 공동작업, 공동분배를 핵심으로 하되 분배방법은 노동력 투입량에 따르도록 하고 있다.

2 **정전제(井田制)**

정전제의 기본원칙은 농사짓는 사람에게만 토지를 분배한다는 원칙과 가족 노동력을 기준으로 분배량을 결정한다는 두 원칙이 핵심이다. 정전제는 토지를 정자형태(井字形態)로 구획하고, 1정(井)을 9구(區), 9구(區) 중 중앙 1구(區)는 공전(公田), 나머지 8구(區)는 사전(私田)으로 한다. 공전은 공동작업, 수익은 공과금용으로 사용한다. 1구(區)의 면적은 100무(畝), 약 40두락이다.

:: 34. 토지제도 ::

전국의 토지를 공전(公田)과 사전(私田)으로 나누고, 공전은 왕실과 관청에 소속된 토지를 말하고, 사전은 공신전(功臣田), 별사전(別賜田), 과전(科田), 군전(軍田), 수신전(守信田) 등 개인이 수조권과 소유권을 가지는 토지다.

사전 가운데 공신전만 세습이 인정되었으나, 권문세가의 토지 점탈과 세습으로 사전화가 심해져 토지관리가 문란해졌다. 현직 관리만 토지를 분배받도록 과전을 직전(職田)으로 바꿨으나, 전객(佃客, 경작자)을 착취하는 폐단이 나타나 이를 폐지하였다.

35. 토지제도 개혁론

① 균전론(均田論)은 유형원(1622-1673년)이 주장한 토지개혁안이다.

모든 토지를 국유화하여, 모든 농가에 균일하게 농지를 분배하고, 농지를 기초로 각종 부담을 부과하자는 것이다.

균전론은 농민의 최저생계보장, 경자유전 원칙의 고수 및 농가의 각종 부담의 공정성을 기대할 수 있다는 것이다.

② 한전론(限田論)은 이익(1681-1763년)이 제기한 토지개혁안이다.

농가의 생활을 유지하는 데 필요한 토지를 설정하고, 그 이외의 토지(永業田)는 얼마든지 거래할 수 있도록 하자는 내용이다. 한전론은 호당 기준량을 초과한 토지만 팔 수 있고, 기준 토지는 유지해야 하므로 무전농민도 발생하지 않는 토지의 균배제도라는 것이다.

③ 정약용(1762-1836년)은 균전제는 역사적으로 실패한 제도이며, 실패 원인은 비농민에게도 토지를 균등 분배했기 때문이라고 했다. 균전제는 인구와 농지를 계산하여 분배하는데, 인구 유동성 증가와 토지 비옥도의 차이가 심해 균등한 배분이 어렵다고 밝히고 있다.

한전제는 남의 명의로 얼마든지 토지매입이 가능하여 기준 토지 설정이 의미가 없으며, 농지소유를 일일이 조사하고 소유를 통제한다는 것은 현실성이 낮다고 비판하고 있다.

중국의 정전제는 한전(旱田)과 평전(平田)에서 실시하는 것이다. 그러나 우리나라는 수전(水田)과 산전(山田)이 많아 실시하는데 한계가 있다는 지적이다.

7. 개혁론, 허와 실

(1) 다산의 농정사상

다산은 농촌에서 태어났고, 아호도 귀농(歸農)으로서 농업과 인연이 깊다. 암행어사와 곡산부사로 재직하면서 농촌의 비참한 생활과 착취와 차별을 개탄했다.

유배지에서도 농민의 곤궁한 형편과 부담과 차별을 체험한 실학자로서 농업을 중시하였고, 농업 발전과 농민 지위 향상에 관심이 컸다. 농업과 관련된 책과 글도 많다. 다산이 농정개혁을 주장한 근저에는 농본사상, 균민사상, 민주사상이 있다.

농본정신은 「농정응지소」의 농업본업론(農業本業論)과 말업억제론(末業抑制論), 균민정신은 「전론」의 손부익빈(損富益貧 ; 부자에게서 덜어서 빈자에게 보태주는 것)과 「차자」의 억강부약(抑彊扶弱 ; 강자를 누르고 약자를 돕는것), 민주정신은 「원목」의 목위민유(牧爲民有 ; 통치자는 국민을 위해 있는 법) 등에서 찾아볼 수 있다.

(2) 개혁론의 특징

다산의 개혁론은 국정 전반에 걸친 포괄적인 개혁을 주장하고 있다. 국정 운영의 근간이 되는 토지, 양역, 환상 및 과거제도 등 근원적인의 개혁을 주장하고 있다. 개혁안도 파격적이고 진보적인 내용을 담고 있다. 범위가 포괄적이고, 대상이 국정의 근간을 바꾸는 근본적인 문제이며, 내용도 파격적이고 이상적인 색채가 짙다. 이러한 개혁을 실천하기 위해서는 지배층의 저항과 사회적 갈등 등 현실적인 장벽이 있다.

(3) 개혁론의 한계

광범위하고 근본적인 문제들을 일시에 바꾸기 위해서는 갈등과 혼란을 무릅쓰고 모험을 할 군주와 정치세력이 있어야 한다. 정조도 급진적인 개혁과 지배층의 저항이 클 국정의 골격을 바꾸는 문제는 점진적으로 추진하거나 곁가지만 쳤던 것이다.

정조시대도 끝나고, 개혁시대도 끝났다. 유배지에서 창작한 개혁안들은 받아줄 인물이 없어진 것이다. 재야학자의 외침으로 남게 된 것이다.

사건연보

[영조시대]

연도		정조	다산
28년(1752년)	09월	정조 출생	
33년(1757년)	02월	정성왕후 사망	
35년(1759년)	06월	정순왕후 책봉	
	06월	왕세손 책봉	
37년(1761년)	03월	성균관 입학	
38년(1762년)	02월	왕세손 가례	
	05월	사도세자 사망	
	06월		다산 출생
46년(1770년)			모친 별세
47년(1771년)	02월	은언군 형제유배	
48년(1772년)	04월	은언군 사망	
51년(1775년)	12월	왕세손 대리청정	
52년(1776년)	02월		다산 혼인
	03월	영조 승하	

[정조시대]

연도		정조	다산
즉위년(1776년)	03월	정조 즉위	
	07월	홍인한 사사	
		정후겸 사사	
	09월	김귀주 유배	
02년(1778년)	06월	화완옹주 유배	
05년(1781년)	04월	홍국영 사망	
07년(1783년)	04월		성균관 입학
13년(1789년)	01월		대과 급제
			종7품 임명
			초계문신 선정
15년(1791년)	10월	신해박해(진산사건)	
16년(1792년)	04월		부친 별세
18년(1794년)	01월	화성축조공사	
	10월		암행어사
19년(1795년)	02월	혜경궁 회갑연(화성)	
20년(1796년)	08월	화성성벽 완성	
21년(1797년)	06월		승정원 동부승지
			곡산부사
22년(1798)	11월	권농정구농서윤음 반포	
23년(1799년)	02월		응지농정소 상소

연도		정조	다산
23년(1799년)	05월		병조참의 임명
24년(1800년)	06월	정조 승하	

[순조시대]

연도		정조	다산
즉위년(1800년)	07월	순조 즉위	
01년(1801년)	02월	책농사건	장기 유배
	10월	백서사건	
	11월		강진 이배
05년(1805년)	01월	정순왕후 별세	
15년(1815년)	12월	혜경궁 별세	
18년(1818년)	08월		해배와 귀향
34년(1834년)	11월	순조 승하	

[헌종시대]

연도		정조	다산
02년(1836년)	02월		다산 별세

참고자료

금장태, 실천적 이론가 정약용, 이끌리오, 2005.

김만선, 유배, 갤리온, 2008.

김문식, 조선후기 경학사상연구, 일조각, 1996.

김상홍, 목민심서, 새문사, 2007.

김용섭, 조선후기 농업사연구[Ⅰ · Ⅱ], 지식산업사, 2005.

김지용, 정다산 시문선, 교문사, 1991.

김태영, "조선시대 농민의 사회적 지위", 한국사시민강좌 제6집, 1990.

문중양, 조선후기 수리학과 수리담론, 집문당, 2000.

민족문화추진회, 다산문선, 솔출판사, 2007.

박광용, 영조와 정조의 나라, 푸른역사, 2007.

박시형, 조선토지제도사[중], 신서원, 1994.

박현모, 정치가 정조, 푸른역사, 2007.

백지현, 왕을 참하라[하], 진명출판사, 2009.

변광석, 조선후기 시전상인연구, 혜안, 2001.

성균관대학교 동아시아학술원, 정조어찰첩, 성균관대 출판부, 2009.

송찬식, 이조후기 수공업에 관한 연구, 서울대 출판부, 1998.

신용하, 조선후기 실학파의 사회사상연구, 지식산업사, 2000.

______, "조선왕조말 · 일제하 농민의 사회적 지위와 경제적 상태", 한국사시민강좌 제6집, 1990.

안대회, 북학의, 돌베개, 2008.

연세대학교 국학연구원, 연세실학강좌[Ⅳ], 혜안, 2003.

____________________, 한국실학사상연구[4], 혜안, 2005.

염정섭, 조선시대 농법발달연구, 태학사, 2002.

오영교, 세도정권기 조선사회와 대전회통, 혜안, 2007.

유봉학, 개혁과 갈등의 시대, 신구문화사, 2009.

이덕일, 정약용과 그의 형제들[1 · 2], 김영사, 2008.

______, 조선 왕 독살사건[2], 다산북스, 2009.

이성무, 조선시대 당쟁사, 아름다운날, 2007.

______, 한국의 과거제도, 한국학술정보, 2004.

이용형, 다산 정약용의 편지글, 예문서원, 2009.

이이화, 문화군주 정조의 나라만들기, 한길사, 2007.

이춘녕, 한국농학사, 민음사, 1989.

임민혁, 조선시대 음관연구, 한성대 출판부, 2002.

정명현 역주, 임원경제지 본리지[1 · 2 · 3], 소와당, 2008.

정민, 다산어록청상, 푸르메, 2007.

정옥자, 정조시대의 사상과 문화, 돌베개, 1999.

______, 정조의 문예사상과 규장각, 효형출판, 2001.

______, 정조의 수상록, 일득록 연구, 일지사, 2000.

______, 조선후기 역사의 이해, 일지사, 2003.

______, 조선후기 지성사, 일지사, 1999.

정해렴 역주, 경세유표[1 · 2 · 3], 현대실학사, 2004.

지두환, 정조대왕의 친인척, 역사문화, 2009.

최승희, 조선후기 사회신분사연구, 지식산업사, 2003.

최윤오, 조선후기 토지소유권의 발달과 지주제, 혜안, 2006.

최홍규 역주, 과농소초, 아세아문화사, 1987.

최희남, 정다산의 경제윤리사상, 김영사, 2007.
한국학문헌연구소, 농서[7 · 8], 아세아문화사, 1982.
한상권, 조선후기 사회와 소면제도, 일조각, 1996.
한우근, 사료로 본 한국문화사[조선후기편], 일지사, 2004.

해설자료

부 록

출처 : 한국고전번역원

1. 勸農政求農書綸音

王若曰。明年己未。卽我先王親耕耤田之年也。五紀光御。八方涵育。蓋以勤民重農。爲治敎之原。而基壽考之化。豐功巍烈。誕造无疆。太歲星周。舊甲儼臨。予小子其敢不欽承前寧人遺志。以對揚耿光之萬一也哉。國以民爲本。民以農爲生。農不殖則民不穀。民不穀則國何乂。予食雖可減。民不可以闕食也。民食之闕。其責在農。農若不勤。曷云有秋。民之爲農也。雖因於天時而當盡其地利也。雖資於地利而當修其人事也。撫五行之交運。體四季之寄旺。土爰稼穡。爲民司命。而服田之勞。勞亦多矣。曰糞壤之勞也。曰引水之勞也。曰鋤耞之勞也。曰耕耨之勞也。曰播植之勞也。曰耘耔之勞也。曰饁噴之勞也。曰飼牧之勞也。自冬徂春。恰爲百日之勞。及夫秋熟。又有刈穫之勞。場圃之勞。而勞之淺深。年分豐歉。嗟我農人。曷敢言勞。昔朱夫子爲吏於泉漳。勞農山間。對新釀而有銍艾中熟之詩。蓋所以勞之也。勞者。民也。勞之者。吏也。民之勞矣。吏豈敢逸。顧我國被山帶海。野多膏腴。素稱衣食之鄉。而興作昧方。惰敖成習。田畯失其職。保介違其時。一有水旱。杼柚俱空。玆曷故焉。蔽一言。曰人事之不能修。而地利之不能盡也。農之本。在乎勤與勞。而其要則亦惟曰興水功也。相土宜也。利農器也。三者爲要。水功居先。在易水地爲比。地水爲師。此井田之所由法耳。欲相土宜。捨水功奚爲哉。故公劉荒居。皇澗是夾。大王胥宇。西滸是率。且以元聖之明農。先立匠人。以制溝洫。而載之周官。魏有李悝之河。秦有鄭國之渠。於漢文翁之洩。於唐韋丹之陂。導之貯之。以湆以溉。雖時雨不降。六七月之間。其苗勃興。而今也堤政久抛。冒耕相續。如湖南之碧骨。湖西之合德。嶺南之恭儉。關北之七里。關東之蓴池。海西之南池。關西之黃池。號稱國中大堤。而疏處不疏。渟時不渟。行潦其涸。歲比不登。爲當今之碩畫。莫先乎已有之大堤而著手。推以及於均舍百事。使諸路。各就掌內。咸效其能。誠力所到。其應如響。且水功之於土宜。相須而行。畇隰畛畂之異等。穜稑秠穈之殊性。滮池則浸稻。疆埸則有瓜。豳人新畬而來牟。岐人載芟而耘耔。溫人重麥。雒人重禾。卽詩書之所詠歌者也。禾藝高燥。稷播衍沃。美壤率歸於烟茶。而農則爲厲。名山多入於火粟。而穀不加賤。宜南者不宜於北。喜峽者不喜於野。而雲夢均業。原隰無別。從以注秧盛而付種者罕。則世稱利害相半。而畢竟害二而利一。愆雨則歉。在在皆然。至於農器之便利。東俗尤昧昧。無異於羲農以前。乃庤斯趙固尙矣。只言其緊且要者。水車者。所以備暵也。役車者。所以兼人也。篝簍者。所以貯穀也。碓磑者。所以舂糧也。自古及今。行者無聞。顧不能修其事而盡其利。尙曰農也不熟。耕也其餒云爾。則不其近於倒植而求茂乎。董之以九功。勸之以九歌。俾緣畝襏襫之民。靡不極其功而竭其智。田無不闢。闢無不種。種無不食。則管書所謂人生在勤。勤則不匱。

魏志所謂人皆力勤。歲數豐穰是耳。竊嘗有意於敎本務實之政。命編農書。欲頒州郡。而古今之各异也。風土之不竝也。貧富之難齊也。事力之未逮也。有不可以硬定而膠守。則階庭萬里。人人各進良策。我則受之。折衷而用之。可謂農家之大全。夫農作之工。仰候中星。旁叶氣運。丑之半大寒之節。土運始生。未之半大暑之節。太陰濕土之氣始生。丑與未相對。而土始用事。則慨已往之難追。擬方來之資益。以興嗣歲。以勸農夫。所貴乎孔夙。奚待春元之發綸。今日丑日也。明日丑月也。未刻之正。節候交至。土牛祈年。此政其時。况丕圖前功。日月依辰。寔予仰述之一端乎。咨爾京外小大臣庶。咸須聽悉。如有已見可以有裨於三農者。或以章疏。或以簿冊。京而呈于廟堂。外而納于監司。而毋泥乎異俗。毋拘乎古方。山沿饒瘠。各陳其當。人謀允臧。克享于天。天以康年。貽我十千。粒我烝黎。同我太平。則斯可以仰副我寧考康功田功之盛德至善。而又可以助予小子肯播肯穫之至誠苦心。起我農政。緑我農書。不翅如農夫之望秋。予卽阼二十二年建丑月前一日己丑未正。

勸農政求農書綸音(번역문)

농정(農政)을 권면하고 농서(農書)를 구하는 윤음

왕은 이르노라. 내년 기미년은 곧 우리 선왕(先王)께서 적전(籍田)을 친히 경작하셨던 해이다. 50여 년을 임금 자리에 계시는 동안 팔방을 은덕으로 기르셨는데, 대개 백성의 일에 몸과 마음을 다하고 농사를 중히 하는 것을 치교(治敎)의 근원으로 심아 수고(壽考)의 교화를 터 잡으시니, 풍성하고 위대한 공렬(功烈)이 무궁토록 이룩되었다. 태세성(太歲星)이 한 바퀴 돌아 구갑(舊甲)이 엄숙히 다다름에 나 소자(小子)가 감히 선왕의 남기신 뜻을 삼가 이어받아 밝은 대업(大業)을 만의 하나라도 펼쳐 나가려 하지 않을 수 있겠는가.

나라는 백성을 근본으로 삼고 백성은 농사로 생명을 유지한다. 농작물을 심지 않으면 백성이 살 수가 없으니, 백성이 살 수 없다면 나라를 어찌 다스릴 수 있겠는가. 내가 먹는 음식이야 줄일 수 있다 해도 백성들은 끼니를 걸러서는 안 된다. 백성이 끼니를 거르는 것은 그 책임이 농사에 있으니, 농사를 부지런히 짓지 않으면 어찌 풍성한 가을걷이를 말할 수 있겠는가.

君의 天은 民이요 民의 天은 食이라

백성이 농사를 지음에 있어 비록 천시(天時)를 따른다 해도 지리(地利)를 다해야 할 것이며, 비록 지리에 힘입는다 해도 인사(人事)를 닦아야 할 것이다. 오행(五行)이 번갈아 운행하는 것을 따르고 사계절에 힘입어 왕성해지는 토(土)의 성질을 체득하여 흙에 의지하여 농사를 짓는 것이 백성의 운명에 관계되는 것이다. 밭에서 일하는 노고가 또한 많은데, 땅에 거름을 주는 노고, 물을 끌어 대는 노고, 김매고 타작하는 노고, 논밭을 가는 노고, 뿌리고 심는 노고, 잡초를 베고 북돋아 주는 노고, 들밥을 먹는 노고, 가축을 기르는 노고 등이 있다. 겨울부터 이듬해 봄까지 족히 100일의 노고를 하는 데다 가을철에 무르익으면 또 수확하는 노고와 타작하는 노고를 거친다.

그러나 노고를 적게 들이느냐 많이 들이느냐에 따라 풍년과 흉년이 갈리니, 아, 우리 농민들이 어찌 감히 노고를 말할 수 있겠는가. 예전에 우리 주 부자(朱夫子)가 천장(泉漳)에서 벼슬살이를 할 때 산간에 직접 나아가 농민들을 위로하여 새로 양조(釀造)한 술을 앞에 두고서 질애중숙(銍艾中熟)의 시를 지었으니, 대개 위로하려는 것이었다. 수고로운 자는 백성이고 위로할 자는 관리이니, 백성이 수고로운데 관리가 어찌 편안히 지낼 수 있겠는가.

돌아보건대, 우리나라는 산이 많은 데다 바다로 둘러싸여 있고 들판이 대부분 기름져 평소 의식지향(衣食之鄕)으로 불려 왔다. 그러나 농사짓는 방법을 잘 모르고 나태한 것이 습관처럼 되어 전준(田畯)이 그 직을 잃고 보개(保介)가 그때를 어기게 되는 데다 한번 홍수나 가뭄이라도 들면 베틀의 북이 모두 텅 비게 되니, 이것이 어째서이겠는가. 한마디로 말하면, 인사(人事)를 닦지 못하여 지리(地利)를 다 쓰지 못하기 때문인 것이다.

농사의 근본은 근면과 노고에 달려 있는데, 그 요점은 또한 수리(水利) 시설을 일으키고 토질에 마땅한 것을 살피고 농기구를 잘 관리하는 것이다. 세 가지 요점 가운데 수리 시설의 일이 가장 으뜸이니, ≪주역≫에 있어 수지(水地)는 비(比)가 되고 지수(地水)는 사(師)가 되는바, 정전법(井田法)이 이에서 말미암은 것이었다. 토질에 마땅한 것을 살피고자 하는데 수리 시설의 일을 놓아두고 무엇을 하겠는가. 그러므로 공류(公劉)가 빈(豳) 땅에 광대하게 거주할 때 황간(皇澗)을 끼고 있었고, 태왕(太王)이 집터를 봄에 서쪽 물가를 따랐다. 또 농사일에 밝은 원성(元聖 이윤(伊尹)을 말함)도 먼저 장인(匠人)을 세워 큰 도랑과 작은 도랑을 만들었는데, ≪주례(周禮)≫에 실려 있다. 위(魏) 나라에는 이회(李悝)가 만든 하거(河渠)가 있고, 진(秦) 나라에는 정국(鄭國)의 하거가 있고, 한(漢) 나라에는 문옹(文翁)의 못이 있고, 당(唐) 나라에는 위단(韋丹)의 못이 있었는데, 물길을 인도하고 모으고 물을 저장하여 대어 주어 비록 제때에 비가 내리지 않더라도 6, 7월 사이에 그 이삭이 우쩍 팼다.

그런데 지금은 제언(堤堰)의 정사를 포기한 지 오래되어 그 땅에 함부로 들어가 농사짓는 일이 잇달고 있다. 호남의 벽골(碧骨), 호서의 합덕(合德), 영남의 공검(恭儉), 관북의 칠리(七里), 관동의 순지(蓴池), 해서의 남지(南池), 관서의 황지(黃池)는 나라 안의 큰 제방으로 일컬어지는데, 터놓을 곳이 터져 있지 않고 물이 괴어야 할 때 괴지 않아 장마가 지나간 뒤 즉시 말라 버려 해마다 농사가 제대로 되지 않으니, 현재의 큰 계책으로는 이미 있는 큰 제방을 손대는 것보다 먼저 할 것이 없다. 그리고 이를 미루어 모든 일에 고르게 시행하여 각도로 하여금 각기 관할 구역 안에서 모두 그 능력을 발휘하도록 하면, 정성과 힘이 닿는 곳에 그 응험이 메아리처럼 빠를 것이다.

또한 수리 시설의 일은 토질과 서로 연관을 맺고 이루어져야 하니, 드넓은 습지와 밭도랑이 등급을 달리하고 늦벼와 올벼, 검은 기장과 붉은 좁쌀이 성질을 달리하며 물이 흐르는 지역에는 벼를 심고 밭두둑에는 오이를 심는 것이다. 빈(豳) 땅 사람은 새로 개간한 땅에서 보리를 수확하고 기(岐) 땅 사람은 풀을 베고 나서 짝지어 김을 매며 온(溫) 땅 사람은 보리를 중하게 여기고 낙양(洛陽) 사람은 벼를 중하게 여기니,

곧 ≪시경≫과 ≪좌전≫에서 읊어 노래한 바이다.

벼는 지대가 높고 건조한 곳에서 가꾸고 기장은 비옥한 평지에 뿌리는가 하면 좋은 땅은 모두 담배와 차를 심어 농사가 위태롭게 되고 명산(名山)은 대부분 화전(火田)으로 들어가 곡식이 더 흔해지지 않고 있다. 남쪽에 알맞은 것은 북쪽에 알맞지 않고 골짜기에 좋은 것은 들에는 좋지 않은데, 남쪽과 북쪽이 같은 종류를 일삼고 들판과 습지에 구별이 없다. 따라서 이앙(移秧)하는 것이 성하고 씨를 뿌리는 것은 드무니, 세상에서는 이해(利害)가 반반이라 하지만 마침내는 해는 둘이고 이는 하나가 되어 비가 제때에 오지 않으면 흉년이 드는 것이 곳곳마다 다 그렇다.

농기구의 편리함에 이르러서는 우리나라 사람들이 더욱 어두워 복희씨(伏羲氏)나 신농씨(神農氏) 이전과 다를 것이 없다. 호미와 가래를 장만하여 땅을 파는 것은 실로 말할 것도 없거니와 단지 긴요한 것만을 말한다면, 수차(水車)는 가뭄에 대비하는 것이고 역거(役車)는 두 사람 몫의 일을 할 수 있는 것이며, 구루(篝簍)는 곡식을 저장하는 것이고 대확(碓碻)은 곡식을 빻는 것이다. 그런데 예로부터 지금까지 이를 사용한다는 말은 들어 보지 못하였다.

돌아보건대, 그 인사(人事)를 닦아 지리(地利)를 다하지 못하면서도 오히려 농사가 잘되지 않는다느니 경작을 해도 굶주린다느니 하니, 거꾸로 심어 놓고 무성해지기를 바라는 것에 가깝지 않겠는가. 구공(九功)으로 독려하고 구가(九歌)로 권면하여 논밭에서 도롱이를 입고 일하는 백성들로 하여금 그 공을 다하고 그 지혜를 다하지 않음을 없도록 하여 개간되지 않은 밭이 없고 그 땅에 곡식을 심지 않은 데가 없고 심기만 하면 수확을 꼭 거두게 된다면, ≪관자(管子)≫에 이른바 사람이 살아가는 것은 부지런함에 달렸으니 부지런하면 궁핍해지지 않는다는 것과 ≪위지(魏志)≫에 이른바 사람이 모두 힘쓰고 부지런히 하면 풍년이 자주 들게 된다는 것이 이것이다.

삼가 일찍이 근본을 돈독히 하고 실제에 힘쓰는 정사에 뜻을 두어 농서(農書)를 편찬하도록 명하여 주군(州郡)에 반포하려 하였다. 그런데 고금(古今)이 각기 다르고 풍토(風土)가 같지 않으며 빈부(貧富)를 고르게 하기 어렵고 사력(事力)이 미치지 못하여 단단히 정해서 고지식하게 지키도록 할 수가 없었다. 그러니 대궐에 있는 신하나 만 리 먼 곳에 있는 백성이나 사람마다 각기 좋은 방책을 올리라. 그러면 나는 받아서 절충하여 쓰도록 할 것이니, 농가(農家)의 대전(大全)이라 할 수 있을 것이다.

농사짓는 일은 우러러 중성(中星)을 관찰하고 널리 기운(氣運)에 맞도록 해야 한다. 축월(丑月 음력 12월)의 중간은 대한(大寒)의 절기로 토운(土運)이 생기기 시작하고, 미월(未月 음력 6월)의 중간은 대서(大暑)의 절기로 태음(太陰 수(水)를 말함)이 습토(濕土)하는 기운이 생기기 시작한다. 축(丑)과 미(未)가 서로 상대가 되어 토(土)가 용사(用事)하기 시작하니, 이미 지나간 것은 따라잡기 어려움을 개탄하고 앞으로 도움이 되기를 생각하여 다음 해를 흥기시키고 농부를 권면하는 것이다. 일찍이 서두르는 것이 중요하니, 어찌 새봄의 정월 초하루에 윤음을 내게 되는 때를 기다리겠는가. 오늘은 축일(丑日)이고 내일은 축월(丑月)이다. 미시(未時) 정각에는 절후가 교대로 이르니 토우(土牛)를 만들어 놓고 풍년이 되기를 기원하기에 가장 알맞은 때이다. 더구나 선조이 공을 크게 도모하고 그때의 날과 달을 따르는 것이 내가 우러러 계승하는 한 가지의 일이 되는 데야 더 말할 것이 있겠는가.

아, 너희 서울과 외방의 대소 신하와 백성들은 모두 잘 듣고 만약 농사일에 도움이 될 만한 자신의 의견이 있으면 혹은 소장(疏章)이나 혹은 부책(簿册)으로 서울에서는 묘당(廟堂)에 올리고 외방에서는 감사(監司)에게 내되, 이역(異域)의 풍속이라도 거리끼지 말고 옛날의 방책이라도 구애받지 말 것이며, 산골이나 연해(沿海), 기름진 땅이나 척박한 땅에서 각각 거기에 마땅한 바를 진달하라.

사람들이 도모하는 바가 진실로 훌륭하여 하늘의 마음을 흡족하게 할 수 있다면 하늘이 풍년으로 우리에게 만년토록 내려 주어 우리 백성에게 곡식을 주고 우리의 태평을 함께하도록 할 것이니, 그러면 우러러 우리 훌륭하신 선왕(先王)께서 백성을 편안하게 하고 백성을 기르는 일에 힘쓰셨던 성덕(盛德)과 지선(至善)에 부응하고 또 나 소자(小子)의 씨 뿌리고 수확하는 데 대한 지성(至誠)과 고심(苦心)에 도움이 될 수 있을 것이다. 우리의 농정(農政)을 일으키려 하고 우리의 농서(農書)를 구하는 것은 농부들이 풍성한 추수를 기다리는 것과 같을 뿐만이 아니다.

내가 즉위한 지 22년이 되는 해 건축월(建丑月) 하루 전 기축일(己丑日) 미시(未時) 정각(正刻)에 적다.

2. 應旨論農政疏戊午在谷山

伏以臣竊以農有不如者三。尊不如士。利不如商。安佚不如百工。今夫人情。莫不羞卑。莫不辟害。莫不憚勞。而農有不如者三。惟是三不如者不去。則雖日撻而求其勸。民亦卒莫之勸也大抵農理至精。爲之以麤。爲之以 麤。故勞多而利寡。勞多而利寡。故業者日卑。業者日卑。故爲之益麤。徇環相因。農政疏矣。臣本湔劣。尤昧稼穡。顧何敢強所不知。以欺天聽。而十行絲綸。勤咨博訪。當先朝勸耕之年。勵上古田畯之職。臣方守土。怵惕感激。謹將三條臆說。仰塵乙覽。一曰便農。將以佚之也。二曰厚農。將以利之也。三曰上農。將以尊之也。妄陳瞽說。無任悸恐之至。

何謂便農。農所以勞。區闊而力詘也。不察農利者。每云人多地少。臣則曰區闊而力詘。故民病地少也。昔程子論井田曰。天地生物。常相稱。豈有人多地少之理。大抵占區不闊。而用力得盡。則自無地少之患矣。土之養苗。恰有界限。假令繞根一寸。能養一苗。而立苗間以三寸。則居中一寸。不其陳乎。或一寸之土。立苗二三。則土力不給。苗其碩乎。今觀畎畝之間。或尋丈空豁。或五六叢疊。人知蒿萊磽确之爲陳。而不知膏腴之壤。見棄於方藝之田也。人知水旱霜雹之爲災。而不知苞茂之質。被困於連根之苗也。臣嘗聞自燕回者言。田苗初生。相距皆均。分寸不違。經緯交錯。是必有制 器碾土。按跡落種。使疏密得中也。謂碌碡今貧民無田者。借人種豆之田。耕其溝而種之麥。名曰借谷。夫旣借谷而種穀。則其區闊而力詘可知。今宜講正田制。畦闊幾尺。溝闊幾寸。隨穀異制。令其得中。而又用碾跡之器。使立苗得均。則糞壤鋤耰之勞皆減。而得穀倍多矣。農所以勞。不擇種也。種之窳者。如胎元之有病。徒占田地。秋竟無實。十粒而窳者居五。則萬頃而陳者五千頃也。假令甲年選百而取一。乙年之種選於甲。丙年之種選於乙。則不出數年。稻米必皆長腰。而一豆之碩。幾於藊矣。農家習於麤率。聞擇種之說。無不矧然笑之。然簸而去其碎。揚而去其空。篩而去其小。浸而去其浮。亦不過須臾之勞耳。比諸鋤之耰之。身汗手胼。而秋竟無實者。顧何如哉。且碎者空者小者浮者。播之田則爲土爲草。落之家則爲饘爲粥。況萬頃之田。不陳其半者乎。然習俗已痼。猝無以矯之也。農所以勞。器不利也。臣嘗觀農書。有所謂方耙八字耙。曰耖曰耮。皆所以駕牛破塊也。今俗惟水田用駕牛之耙。而制亦甚朴。旱田。令翁婦脚踏以破塊。塊未嘗破。 而踏跡堅如石矣。又如秧馬。今人但聞其名。赤脚入水。腰酸肩痛。泥汚蛭咬。苦楚而功不贍。甚可愍也。賈思協云耬車狀如三足犂。置斗藏種。以牛駕之。一人執耬。且行且搖。種乃隨下。一日可種一頃。此乃趙過之遺法。其省勞益功如此。而我俗至今茫昧。又如驢磨水碓。中國使用已久。桓譚已詳言之。我俗尙用借身踐股之制。而如風磑輪激之類。尙未聞名。又如蠶家不用層箔。每屋一間。只養一間。而蒸麥炊黍。房地熏熱。罨豉爛麴之氣。席溲盆溺之臭。穢惡脑膻。蠶用是殭。繅車抽絲。勞多功遲。濕絲安灶。以石壓住。旣腐而爛。方入杼柚。以之爲衣。敝已久矣。又如紡車。大而手鈍。今織綃家。另有紡車。流自西關。制較便捷。蠶絲綿絲。用皆無礙。而鄕村尙無此車。今宜按書。製諸農器。頒制八方。令次第試用也。農所以勞。水利不興也。朱子曰賑饑無奇策。不如講求水利。此誠慮遠達本之論也。中國濬河通漕。習於治水。固非一朝之所能學。然審高下之勢。量疏鑿之費。計灌漑之利。利則興之。害則停之。疑則少嘗之。顧安所不可乎。人有防堰。群嘲衆罵。 堰之多敗。不在水石之難繼。而在乎引水之不審高下。捍潮之不辨衝掠也。水有似卑而實高者。其源高者。下流視田雖卑。不過畚鍤之勞耳。其源卑者。下流視田雖平。龍尾恒升之倫。終亦無功。且如潮勢。隨風異力。平時衝激者。或因風掠過。平時掠過者。或因風衝激。而海上風勢。槪有定候。旣知風候。可揣潮勢。如秋冬堅凝之時。潮雖衝激。不致圮壞。如春夏瀜解之時。最忌衝激。堰之當潮處。必審勢察候而等之。則庶不遭害。且海澤之初年免稅。陳田之三年免稅。律令不一。官以低昂。今若明著約束。有能防堰作田者。許令五六年免稅。則海澤之利興矣。至於築隄之役。亦宜審勢量利。隄高田卑則勢順而利博。隄與田平則勢關而利鮮。臣嘗觀三南諸隄。槪在高處。疏鑿旣易。灌漑甚遠。而海西之隄。少見可意。卽延安南池。國中名隄。而以臣愚見。田高隄下。

且無源泉。淤泥雖鑿。湍決無處。延袤徒廣。渟滀難深。今若大行疏鑿。芙蕖菱芡之照映。鴻鴈梟鷺之游泳。雖足以助其風景。於所謂千頃穲稏。未見其有補也。臣今待罪谷山。谷山亦有二隄。一 曰外助伊。一曰愁乙串。圍皆不滿千尺。淤塞已久。霖收卽涸。今有朝令。議行疏鑿。而第惟兩隄之下。俱無一區水田。鑿之將何用哉。鑿之固不得水。誠若得水。則旱田被其害矣。蓋田底一尺許以往。皆細石也。是故不能渟水。宜粟而不宜稻。今若疏隄。秪以勞民。若是者合有通變。而法外之言。臣不敢煩陳也。引溪澗以漑田。俗稱防洑。防洑之難。甚於海堰水車之法。蓋不過欺水就下。而實令上行也。然按書制器。未盡其法。故行之多敗。今俗惟纍積木石。橫截湍流。故糜費千萬。遇潦輒崩。往歲湖南人。有行木筧之法。多獲灌漑之利。其法斲板聯傳。多作大筧。就上流高處。承水以來。每兩筧交承處。用三叉木揷水中以擎之。旱則設之。潦則卷之。亦不過數人一日之役耳。以之防大川灌大野。雖難責效。人各自力。足以康濟百畝也。又如陂池大澤。令行浮田之法。則無田者亦足爲農。其法縛木爲筏。上載糞土。種以粳稻。浮之水面。隨水上下。旱澇不能爲災。然令之剏行。必孰視竊笑而走矣。

何謂厚農。農所以削。還上多幻也。還上本社倉遺法。法非不良。奸僞之滋。不善用也。唯是衙門名色。繁瑣眩亂。莫捉端倪。穀簿之幻形變態。如流沙浮雲。細心窮理。堇知脈絡。一經反動。旋又迷茫。官吏若此。愚氓何

論。有言一切削去者。掣肘多端。議竟不行。臣意則列邑文簿。削去衙門名色。惟監營文簿。通計道內穀總。而書其尾曰。本道某穀幾石內。常平穀幾石。賑恤穀幾石。以應京司區劃。顧安所掣礙哉。第惟錄耗作錢之法。穀各不齊。歲各不同。則卒無以塞吏奸而解民惑也。耗則毋論某衙某穀。竝錄全耗。以明什一之數。作錢則毋論某歲。凡耗穀沒數作錢。使放糧收糧之數。歲歲無差。每十年觀列邑戶口增損。稍行裒益之政。則民役均而國用有節矣。許魯齋편001曰地力之生物有大數。人力之生物有大限。取之無度。用之無節。則常不足。今還上之取耗無度。耗穀之費用無節。雖使歲增而月加。烏能免不足哉。今論海西諸邑。或以結還。或以戶還。而大約一夫所受。多者數十石。少者不過數石。結還尙可參差。戶還宜令均一。臣謂通計道內戶口。　令與穀簿相準。平均分排。使各移轉。而勿復增減。則穀簿簡矣。其有以耗爲本。將以羨餘者。宜於分留之制。量加幾石之分。以充其代。則此雖恒定。彼雖越加。用之有節。歲計有餘。豈彼之足比哉。又如關防巨鎭。不得不多峙軍糧者。亦宜少有差等。而量減民戶之他役也。農所以削。種畜之政疏也。周官林衡澤虞。課種有時。秦漢貨殖家。牛羊彌山谷。今火田漫無禁制。名山大麓。無不童赭。棺槨宮室之材竭。又如椅桐梓漆榆柳桑柘之屬。偶有自生。樵斧先及。百工器用。罔不艱匱。棗栗梨柹。蒔培失宜。嘉實日稀。羊羖殆乎絶種。雞豚不能充庖。凡此皆所以羽翼農家。厚其貲賄者。而其匱之若

此。農安得不削乎。曆書之宜忌諸說。徒勞剖劂。無人省覽。凡遇婚葬。就師擇日之勞。猶自如也。顧何嘗按曆而定日哉。解學士縉。嘗有一切刊汰之議。斯爲達論。宜於曆書。凡係宜忌等說。一竝汰去。取農書按其種畜諸方。如云某月某日。種某穀某木。某節前後幾日。蒔某穀某木。以至乳雞驅畜。一一按方。逐日編入。如今宜忌諸說。則是便以一部農書。家喩而戶 說也。民旣常目。不能不試。試而有效。不能不力。鄰里觀感。轉相倣則。不出十年。必成大同之俗矣。然後諸山伐松之禁。守令種桑之績。嚴考勤慢。諸有土宜。咸試不怠。則農本日厚。而其利日博矣。農所以削。斗斛不平也。大抵同律度量衡。王政之大者也。今萬斗千斛。有如人面。望之相似。就之皆異。京外之不均。鄰邑之不同。姑捨是。一邑之內。有官斗有市斗有里斗。官斗之中。官廳司倉不同。市斗之中。此虛彼虛不同。里斗之中。東村西村不同。穀無定價。欺詐多端。農安得不削乎。謹案大典通編。公私用斗斛。造制不如法。印跡不明者。以違令律論。法未嘗不嚴也。徒說不行。不如無法。今宜申明舊法。講正斗斛之制。頒式八方。毋論公斗私斗。皆令一毫無差。有或差者。京而署官。外而守令。照律嚴繩。則不朞月。而國中之斗斛平矣。且如十五斗之爲一斛。此奸僞之所由起也。古制十升爲斗。十斗爲斛。今亦一遵古法。公私文簿。竝行釐正。則奸僞去而簿領明矣。且牛馬之力。不能任三十斗。苟十斗一斛。則受糧納糧之時。適輸二斛。民必便之矣。農所

以 削。煙茶盛也。或議一切嚴禁。然近醫如張介賓者。盛推煙爲良藥。謂其有治痰禦瘴溫中殺疰之功。勝於檳榔。審如是也。不可禁也。然良田沃壤。沒爲煙畦。斯亦弊俗。臣嘗觀湖西諸邑。煙皆山種。如古磴田之制。味品亦佳。今宜嚴立約條。八道煙農。皆令山種。平野種煙者。竝嚴禁。唯三登一縣。許其野種。以供進上。則人民嗜好不絶。而農利益厚矣。

何謂上農。定科擧之制。而農自尊矣。古稱士農。士者仕也。凡仕於朝。隷於公者。皆士也。學先生之道。將以出仕者士也。今也非仕非農。生不讀一字書。而以士自命。世擁虛名。傲睨生靈。視耒耜爲穢物。羞力役而不躬。一指不動。坐受凍餒。大學曰生之者衆。食之者寡。則財恒足矣。今通國皆游食。財安得不匱乎。大抵不擧而科。非古制也。今宜令諸道各邑。酌量文藝多寡。議定擧額。每當科年。列邑選充本額。上之四長官。四長官選之。許赴營試。中營試者。許赴會試。京都亦令各坊。各定擧額。坊選而上之部。部選而上之庠。中選者許赴會試。則垂緌惰游之士。皆將轉而緣畝。不唯農家之 自尊。而科擧之許多奸弊。亦不期祛而自祛矣。○今欲上農。抑末而農自尊矣。先王之制。比閭族黨。受田力農。故末業未盛。楊龜山曰當時天下。無不受田之人。故游惰姦宄不軌之民。無所容於其間。今末業之踰本久矣。臣不必一一煩瀆。臣唯以目下所見。擧其一隅也。遂安金店。此果遵何法哉。産金之豐。古所未聞。日採金如瓦礫。貨賄之來。輦輸輻湊。人民之衆。袂帷汗雨。錦綺布帛。魚鹽稻米百用之物。列鄽居貨。宛如都邑。產金之豐。推此可知。問稅幾何。月納錢數百兩。度支不管。軍門不知。一粒之金。不入公府。此果遵何法哉。國幣不用黃金。然不虞之備。不宜不念。自度之主管派差官員。採金入官。何所不可。或云官採則店民皆散。而得金不如彼也。噫。使椎埋掘冢藏命匿奸之徒。日獲金千萬。潛商而貨于燕。於國何補。令金不採。藏富於山。猶之爲吾有也。旣不官採。宜卽禁止。使各歸農。今山郡農家。日給傭百錢。無以雇人。以金店也。豐年穀價不賤。魚鹽百物刁騰。以金店也。山村盜賊竊發。富民子弟蕩業。以金店也。近聞笏洞之店少衰。然衰　盛月異。遷徙如夷狄。農民莫不咨嗟。望有節制。臣不敢不陳也。○今欲上農。變良役之法。而農自尊矣。民視良役爲奴婢。一得役名。婚姻不通。坐不序齒。而不免農夫之名。則亦不免良役。故歲收粟十斛者。舍其耒耜。投托儒名。寧捐田買人以應之。不自役也。僞族譜僞職牒。紛然竝作。換父易祖。恬不知愧。傷倫敗俗。莫此爲甚。大抵應良役者有四。一曰鬼二曰丐三曰逃四曰烏有。宮居粒食。安土而重遷者。何嘗應良役哉。僅十之一二耳。若是者。蓋其祖上傳來。推刷如奴婢。而訾賄不贍。未及蛻幻者也。臣於莅任之後。見有推刷如奴婢。越侵他坊者。令括本里良丁。被括者駭愕失守。仰天大叫。知之爲壓良爲賤。大抵習俗已痼。儀秦不能說。龔黃不能馴也。且棉布升數。軍門歲加責飭。年前本府之民。砲保布一疋。至費七八兩。誠以峽中本無棉田。細織皆貿西關。奸民斂貨而都貿。猾吏索賂而退擇。故費蓋至此。此固甚矣。卽產棉之邑。非四兩錢。無以納布。名雖一疋。其實二疋。且如禁御升數稍遜。許令參半砲保。升數旣嚴。而又令純布。苦樂懸殊。民　役不均。且京司所用之尺。守令不審長短。監吏竊其衍餘。宜造鍮尺。令京外相準。然此皆節目間事。良役不變。則民卒莫保。有言戶布者。有言口錢者。今猝行之。民將胥動。往歲關西事可驗。昔張橫渠謂井田可行。朱子曰若欲行之。須有機會。平世則誠爲難行。今戶布之難行。無異井田。然處之有術。行之以漸。則民不駭而事可擧矣。今海西有軍布之契。有役根之田。簽丁只是借名。納布便同里斂。旣非虛伍。官亦不禁。臣謂自今良役。一任該邑。勿隷京營。所謂砲保禁保等名色。只令本邑便宜沿革。改都案改查正之法。一切革罷。只照良役元摠。令該邑按例考數。都監歲納幾疋。禁營歲納幾疋。而簽丁充伍之事。京司兵營。竝勿句管。則不出十年。身布俱成里布。旣成里布。則以之爲戶布。一轉移也。在國用一毫無損。而民生之疾苦去矣。或云砲保。將以選砲手。禁保將以選番軍。宜存名目。以保陞戶。噫。砲手番軍。何嘗陞保而爲戶哉。假令國有緩急。砲保從砲手。禁保從禁衛乎。斯皆設爲名目。其實將以徵布也。布旣徵矣。名將何用。審如臣言。雖自該邑。依舊簽丁。如逃亡債老除債付標債。改案京人情營人情等許多浮費。皆將淘汰矣。其爲民患。不已太半。良役旣罷。則民不恥農夫之名。而農自尊矣。今欲上農。上行親耕之禮而農自尊矣。歷代聖王。莫不行之。一日禮行。四方風動。上有好者。下必有甚。今何曠久而不擧乎。或云旣行親耕。則亦行親蠶。此恐不然。時有古今。禮貴參酌。顧何必竝擧哉。國家縟儀。有難歲行。宜令諸道監司。率其屬以行。大夫之推。而諸在字牧者。莫不皆然。則觀感之效。速於置郵。民不侮農。而農自尊矣。

應旨農政疏(번역문)

성지(聖旨)에 부응하여 농정(農政)을 논하는 소

엎드려 생각하건대 신은, 농업에는 세 가지 같지 않은 것이 있다고 여깁니다. 높기로는 신비가 으뜸이고, 이익으로는 장사가 으뜸이며, 편안하기로는 백공(百工)이 제일입니다. 지금 대체로 인정은, 낮은 것은 모두가 부끄러워하고, 해로운 것은 모두가 기피하며, 수고로운 것은 모두가 꺼리는데, 농업에는 같지 않은 것이 세 가지가 있으니, 이 세 가지 같지 않은 것을 제거하지 않으면, 비록 날마다 매를 때리면서 권면하기를 구할지라도 백성은 또한 끝내 권면되지 않을 것입니다. 대체로 농리(農理)는 지극히 정밀한 것인데 추솔하게 하니, 추솔한 때문에 수고는 많아도 이익이 적으며, 수고는 많아도 이익이 적으므로 농업을 하는 자가 날로 신분이 낮아지고, 날로 신분이 낮아지므로 더욱 추솔하게 하니, 반복하면서 서로 인연하여 농정이 소홀해진 것입니다.

신은 본래 용렬한데다가 농사에는 더욱 어두운데, 어찌 감히 알지도 못하는 것을 억지로 말해서 천청(天聽)을 기만하겠습니까. 그러나 10행의 윤음(綸音)은, 부지런히 자문하고 널리

방문하시어 선조(先朝) 때 농사를 권면하던 해를 당하여 상고(上古) 시대 전준(田畯)의 직책을 장려하시니, 신이 현재 지방관이 되어서 두렵고 감격하여 삼가 세 조항의 억설(臆說)을 가지고 우러러 을람(乙覽 임금이 정무를 끝내고 밤 2경(更)쯤에 독서하는 것을 말함)을 요청할까 합니다. 첫째는 편농(便農)이니 장차 편하게 하려는 것이고 둘째는 후농(厚農)이니 이익이 있게 하려는 것이고, 셋째는 상농(上農)이니 지위를 높이려는 것입니다. 망령되게 고설(瞽說 아무것도 모르고 하는 말)을 진달하니, 지극히 부끄럽고 황공합니다.

무엇을 편농이라 하는가 하면, 농사가 수고로운 이유는 구역은 넓은데 힘이 모자라기 때문입니다. 농리를 알지 못한 자는 항상 '사람은 많은데 땅이 적다'고 말합니다. 그러나 신은 구역은 넓은데 힘이 모자라기 때문에 백성이 땅이 적은 것을 병되게 여긴다고 생각합니다. 옛날 정자(程子)가 정전(井田)에 대하여 논하기를,

"천지가 만물을 내는 데는 항상 서로 알맞게 한다."

하였으니, 어찌 사람은 많고 땅은 적을 리가 있겠습니까. 대체로 점령한 구역이 넓지 않아서 힘을 다하게 된다면, 자연히 땅이 적다는 근심이 없어질 것입니다. 땅이 곡식을 기르는 데는 마땅히 한계가 있으니, 가령 뿌리의 주위가 한 치[一寸]이

면 한 포기를 기를 수 있는데, 포기와 포기의 사이를 세 치[三寸]로 하면 가운데 한 치는 묵는 땅이 되지 않겠습니까. 그러나 혹 한 치의 땅에 2~3포기를 심으면 토력(土力)이 부족할 것이니, 포기가 자라겠습니까. 지금 살펴보면 밭고랑 사이가 어떤 것은 8척(尺) 내지 10척쯤이나 되게 넓고, 어떤 것은 5~6포기가 무더기로 서 있습니다. 그런데도 사람들은 풀이 나고 자갈이 많으면 땅이 묵는 줄은 알면서 기름진 땅이 현재 재배하고 있는 땅에서 버림받는 것을 알지 못하며, 가뭄과 서리와 우박이 재해가 되는 줄은 알면서 비옥한 토질이 포기의 뿌리가 서로 얽힌 데서 곤욕당하는 것은 알지 못합니다. 신은 일찍이 들으니, 연경(燕京)에서 돌아온 자가 말하기를,

"전묘(田苗)가 처음 날 적에 거리가 균등하여 조금도 어긋남이 없고 가로와 세로가 간격이 서로 알맞았다."

했습니다. 이는 반드시 기구를 만들어 흙을 깨서 고르고[碾], 발자국을 살펴 씨앗을 떨어뜨려서 성글고 조밀하기를 알맞게 한 것입니다. 연(碾)은 녹독(碌碡 : 밭을 평평하게 고르는 돌로 된 농기구를 말함) 이다. 지금 농토가 없는 빈민(貧民)은 남의 콩심은 밭을 빌어 도랑을 치고서 보리를 심는데, 그것을 차곡(借谷)이라고 합니다. 이미 차곡하여 곡식을 심으니, 구역은 넓고 힘이 부족함을 알 수 있습니다. 이제 마땅히 전제(田制)

를 바로잡아 두둑의 너비는 몇 자[幾尺]이고 골의 너비는 몇 치인가를, 곡식에 따라 제도를 달리하여 알맞도록 하고, 연적(碾跡)하는 기구를 만들어 포기를 바르게 세운다면, 거름주고 김매는 노고가 모두 덜어지고 곡식은 배나 수확될 것입니다. 농사가 수고로운 까닭은 종자를 가리지 않기 때문입니다. 종자가 흠이 있는 것은 사람에 비하면 태원(胎元)에 병이 있는 것과 같아서 한갓 전지(田地)만 차지할 뿐, 가을에 결실(結實)이 없게 됩니다. 종자 10개 중에 병든 것이 5개이면, 1만 경(頃)에 묵는 땅이 5천 경이 됩니다. 가령 갑년(甲年)에 1백 개 중에서 하나를 골라 취하고, 을년(乙年)의 종자는 갑년에서 취하고, 병년(丙年)의 종자는 을년에서 취하면, 몇 해가 안 되어 쌀알이 반드시 모두 허리가 길쭉해질 것이며, 콩알의 크기가 거의 누에고치만해질 것입니다. 농가들은 추솔함에 습관되어 종자를 가린다는 말을 들으면 비웃지 않는 사람이 없습니다. 그러나 키질하여 싸라기를 버리고, 까불어서 쭉정이를 버리며, 체질하여 작은 것은 버리고, 물에 담가 뜨는 것을 버리는 것은, 불과 잠깐 동안의 수고일 뿐입니다. 초벌 매고 두벌 매어 몸에는 땀이 흐르고 손에는 못이 박히고서도, 가을에 끝내 결실이 없는 데 비하면 도리어 어떠합니까. 또 부스러기와 쭉정이와 작은 것과 뜬 것을 밭에 뿌리면 흙이 되고 풀이 되지만, 집에 남겨두면 된 죽이나 묽은 죽을 쑤어 먹을 수 있습니다. 더군다나 1만경의 농토에 그 반절을 묵히지 않는 것이겠습니까. 그러나 습속이 고질화되었으니, 갑자기 바로잡을 수는 없습니다.

농사가 수고로운 까닭은 농기구가 좋지 않기 때문입니다. 신은 일찍이 ≪농서(農書)≫를 보건대, 거기에 이른바 방파(方耙)니 팔자파(八字耙)니 하는 것이 있고, 초(耖 써레)니 노(耮 쟁기)니 하는 것이 있었는데, 모두 소[牛]에 메워서 흙덩이를 깨는 것이었습니다. 지금 풍속은 오직 논에만 소에 멍에하는 써레[耙]를 사용하는데 제도가 또한 매우 질박하며, 밭에는 옹부(翁婦)들로 하여금 발로 밟아서 흙덩이를 깨게 하는데 흙덩이는 깨지지 않고 발자국만 돌같이 단단해집니다. 또 앙마(秧馬)라는 것은, 지금 사람들은 다만 그 이름만 들었을 뿐이며, 맨다리로 물 속에 들어갈 경우 허리와 어깨가 아프며, 진흙에 묻히고 거머리가 물어 고초는 심하나 효과는 보잘것없으니, 매우 안타깝습니다. 가사협(賈思勰)이 말하기를,

"누거(耬車)는 형상이 세 발 돋친 보습[三尺犁]과 같은 것으로 말[斗]을 그 위에 올려놓고 씨앗을 넣어 소를 멍에하여, 한 사람이 누거를 잡고 가면서 흔드는 데 따라 씨앗이 떨어지는데, 하루에 1경(頃)을 심을 수가 있다."

하였습니다. 이것은 곧 조과(趙過)의 유법(遺法)인데, 그 노력

은 적게 들고 효과는 많은 것이 이와 같으나, 우리나라 풍속은 지금껏 아득히 알지 못합니다. 또 여마(驢磨 연자매)와 수대(水碓 물방아)는 중국에서 사용한 지 벌써 오래고 환담(桓譚)이 이미 자세히 말하였으나, 우리 풍속은 아직도 사람을 사서 발로 밟는 제도를 사용하고 풍애(風磑)와 윤격(輪激) 같은 종류는 아직껏 그 이름을 듣지 못했습니다. 또 잠가(蠶家)는 층계(層階)로 된 잠박(蠶箔)을 사용하지 않고, 방 한 칸에 누에시렁 하나로만 기르는데, 보리를 찌고 기장을 삶아서 방바닥이 푹푹 찌며 메주와 누룩이 뜨는 기운과 오줌 냄새가 코를 찔러 누에가 그대로 죽으니, 물레[繅車]로 실을 뽑아도 힘만 많이 들고 공이 적으며, 젖은 실을 부뚜막에 놓고 돌로 눌러놓아 이미 썩어 문드러졌는데, 그제야 베를 짜서 그것으로 옷을 만드니, 해진 지 벌써 오랩니다. 또 물레[紡車]는 너무 커서 손이 둔하나 지금 직초가(織綃家)에는 이와 다른 물레가 있으니 서관(西關)에서 들어온 것으로 제작이 비교적 편리하고 민첩하며, 잠사(蠶絲)와 면사(綿絲)에 모두 쓸 수 있는데 시골에는 아직도 이런 물레가 없습니다. 지금 마땅히 책을 보고 모든 농기구를 제작하여 제도를 팔방(八方)에 반포해서, 차례로 시험삼아 써보도록 하여야 합니다. 농사가 수고로운 까닭은 수리(水利)를 일으키지 않았기 때문입니다. 주자(朱子)가 말하기를,

"굶주린 사람을 구휼하는 데는 묘안(妙案)이 없으니 수리를 강구하는 것이 가장 좋다."

하였으니, 이것은 진실로 생각이 깊고 이치를 통달한 이의 논리입니다. 중국은 하수(河水)를 파고 조운(漕運)을 통해서 치수(治水)를 익혔으니, 진실로 하루아침에 배울 수 있는 것은 아닙니다. 그러나 높고 낮은 지형(地形)을 살피고, 소착(疏鑿)하는 경비를 헤아리고, 관개(灌漑)의 이익을 계산해서 이익이 있으면 일으키고 손해가 되면 정지하며, 의심이 날 경우 조금만 시험해 본다면 무엇이 불가하겠습니까. 방죽을 막는 자가 있으면 떼지어 조롱하고 꾸짖습니다. 방죽이 실패가 많은 것은 물과 돌을 연결시키기 어려운 데 있지 않고, 물을 끌어오면서 높고 낮은 지형을 살피지 못하고 조수(潮水)를 막으면서 충략(衝掠)을 분별하지 못하는 데 있습니다. 물은 낮은 듯하면서 실상은 높은 것이 있으니, 그 수원(水源)이 높은 것은 하류(下流)가 전토에 비하여 비록 낮을지라도 삼태기의 조그만 흙이나 삽질하는 수고에 불과한 것이고, 그 수원이 낮은 것은 하류가 전토와 서로 평평할지라도 용미(龍尾 물을 퍼올리는 기구)와 항승(恒升 물을 퍼올리는 기구) 따위로도 끝내 공효를 거두지 못합니다. 또 조세(潮勢)는 바람에 따라 조력(潮力)이 달라서, 평상시에 충격(衝激)하던 것이 혹 바람으로 인하여 약하게 지나가고, 평상시에 약하게 지나던 것이 바람으로 인해서 충격하기도 하는데, 해상의 풍세는 대개 일정한 기후가 있으니, 미리 풍후(風候)를 알면 조세를 헤아릴 수 있습니다. 가을·겨울에 굳게 물이 얼 때에는 조수가 비록 충격할지라도 무너지지 않고, 봄·여름에 얼음이 풀릴 때에는 가장 충격을 꺼립니다. 둑이 조수를 당하는 곳은 반드시 조세를 살피고 풍후를 관찰해서 맞춘다면, 거의 피해를 만나지 않을 것입니다.

또 간척지(干拓地)를 첫해 면세(免稅)해 주는 것과 묵밭을 3년간 면세해 주는 것은 법령이 일정하지 않아 관(官)에서 낮게도 하고 높게도 하니, 지금 만약 약속을 명확하게 하여, 둑을 막아 농토를 만드는 자가 있을 경우 5~6년간 면세를 허락하여 주면, 해택(海澤)의 이(利)가 일어날 것입니다. 제방을 쌓는 역사에 대해서도 마땅히 지형을 살피고 이익을 헤아려야 할 것이니, 제방이 높고 농토가 낮으면 형세가 순해서 이익이 많을 것이고, 제방과 농토가 평평하면 형세가 막혀 이익이 적을 것입니다. 신이 일찍이 관찰하건대, 삼남(三南) 지방의 모든 제방은 대개 높은 곳에 있어서 소착하기가 쉬웠고 관개도 매우 멀리 하는데, 해서(海西) 지방의 제방은 가합한 것을 보기가 어렵습니다. 즉 연안(延安)의 남지(南池)는 국내의 유명한 제방인데, 신의 어리석은 소견으로는 농토는 높고 제방은 낮으며 또 원천(源泉)이 없으니, 가라앉은 진흙을 파내더라도 물길을 터놓을 곳이 없고, 면적[延袤]이 넓기만 할 뿐, 고인물이 깊지 않습니다. 지금 만약 크게 소착하면, 연꽃[芙蕖]과 마름[菱芡]이 물 위에 뜨고, 기러기와 물오리가 떠다니는 것이 비록 풍경을 돋보이게 할 수는 있으나, 이른바 천경(千頃)의 벼에는 도움이 있음을 볼 수가 없습니다. 신이 지금 대죄(待罪)하고 있는 곡산(谷山)에도 두개의 제방이 있으니, 하나는 외조이(外助伊)요, 또 하나는 수을관(愁乙串)인데, 주위가 모두 1천 척(尺)이 안 되고 진흙이 막힌 지 벌써 오래되어 장마만 걷히면 즉시 마릅니다. 지금 조정에는 소착(疏鑿)하자는 의논이 있으나, 생각하건대 두 제방 아래는 모두 일구(一區)의 논도 없으니, 소착한들 장차 어디에 쓰겠습니까. 판다고 해도 진실로 물을 얻지 못할 것이고, 물을 얻게 되면 밭이 피해를 입을 것입니다. 대체로 논바닥 한 자[一尺] 이하는 모두 세석(細石)이 깔려 있습니다. 그러므로 물을 저장할 수 없으니, 조[粟]에만 마땅하고 벼에는 마땅하지 않습니다. 지금 만약 제방을 판다면 백성만 수고로울 뿐이니, 이같은 것은 마땅히 변통해야 할 것이나, 법(法) 밖의 일이라서 신은 감히 번거롭게 진달할 수 없습니다. 시냇물을 끌어서 논에 대는 것을 속칭 방복(防洑 보를 막음)이라 하는데, 방복의 어려움이 해언(海堰)이 수거법(水車法)보다 심하니, 대체로 물이 아래로 내려가도록 하는 데에 불과하나, 실상은 위로 올라가게 하는 것입니다. 그러나 책을 보고 기구를 만드는 데 있어 그 법대로 다하지 못하므로, 행하는 데에 실패가 많습니다. 지금 풍속은 오직 목석(木石)을 엉성하게 쌓아 흐르는 물을 가로막기만 하므로 많은 힘만 소비할 뿐, 장마를 만나면 바로 무너집니다. 지난해 호남(湖南) 사람이 목견법(木筧法 홈통을 잇대는 방법)을 행하여 관개의 이를 많이 얻었으니, 그 법은 판자(板子)를 파서 잇대고는 큰 홈통을 많이 만들어 상류(上流)의 높은 곳에서 물을 받아 내려오되, 두 홈통이 이어지는 곳마다 삼차목(三叉木 작사리)을 물 속에 꽂아 받치는 것이니, 가물면 설치하고 장마지면 거두는 것으로서 두어 사람의 하루 일에 불과할 뿐입니다. 그것으로 큰 내를 막아 큰 들에 관개하면 비록 효과를 얻기는 힘들지만, 사람들이 자기 자력으로 1백 묘(畝)는 힘 안 들이고 지을 수 있습니다.

또 피지(陂池)와 대택(大澤)에 부전법(浮田法)을 행하게 하면 농토가 없는 자도 농사를 지을 수 있습니다. 그 법은 나무를 얽어매어 떼[筏]를 만들고, 그 위에 거름[糞土]을 싣고 벼를 심어 수면(水面)에 띄워서, 물을 따라 올라갔다 내려왔다하게 하는 것이니, 이렇게 하면 벼가 가뭄이나 장마로 인한 재해를 받지 않습니다. 그러나 영(令)이 처음 행하여지면 반드시 사람들이 보고는 비웃으면서 달아날 것입니다.

무엇을 후농(厚農)이라 하는가 하면, 농업이 침삭(侵削)되는 까닭은 환자(還子 춘궁기에 백성에게 대여한 곡식을 추수 후에 일정한 이자를 붙여 받아들이는 것)에 변화가 많기 때문입니다. 환자는 본래 사창(社倉)의 유법(遺法)인데, 법이 좋지 않은 것은 아니나 간사와 거짓이 불어나는 것은 그 법을 올바로 쓰지 않기 때문입니다. 아문(衙門)의 명색(名色)이 번쇄하고 현란하여 단서를 잡을 수 없고, 곡부(穀簿)의 변환하는 형태가 마치 흐르는 모래나 떠다니는 구름과 같아서, 세심하게 궁리하여야만 겨우 맥락을 알 수 있으니, 한 번 변동을 경과하면 바로 또 미망(迷茫)해집니다. 관리도 이와 같은데 어리석은 백성이야 논하여 무엇하겠습니까. 일체 삭거(削去)해야 된다고 발하는 사가 있있으나, 여러 면으로 구애를 받아서 의논이 마침내 행해지지 않았습니다. 신의 생각에는, 열읍(列邑)의 문부(文簿)에는 아문의 명색을 삭거하고, 오직 감영(監營)의 문부에만 도내(道內)의 곡식 총수를 통계하고서 그 말미(末尾)에다, 본도(本道)의 아무 곡식 몇 석 중에 상평곡(常平穀)은 몇 석이고 진휼곡(賑恤穀)은 몇 석이라고 써서 경사(京司)의 구획(區劃)에 응하게 하면, 어찌 장애되는 바가 있겠습니까. 다만 모곡(耗穀)을 기록하여 돈을 내는 법은, 곡식이 일정하지 않고 풍흉(豐凶)이 각기 다르니, 끝내 아전의 부정을 막고 백성의 의혹을 풀어줄 수 없습니다. 모곡은 아무 아문 아무 곡식을 논할 것 없이 전곡(全穀)과 모곡의 수를 모두 기록하여 10분의 1이라는 숫자를 분명히 할 것이요, 작전(作錢)은 어느

해를 막론하고 대체로 모곡의 총수를 돈으로 환산하여, 방량(放糧)과 수량(收糧)의 수를 해마다 차등이 없게 하고, 매양 10년마다 열읍의 호구(戶口) 증감을 관찰하여 점점 부익(裒益)하게 하는 정사를 행하면, 민역(民役)이 고르고 국용(國用)이 절도가 있을 것입니다. 허노재(許魯齋 노재는 허형(許衡)의 호)가 말하기를,

"지력(地力)이 물건을 내는 데는 대수(大數)가 있고, 인력(人力)이 물건을 생산하는 데는 한계(限界)가 있으니, 취하는 데 절도가 없고 쓰는 데 절도가 없으면 항상 부족하다."

하였으니, 지금은 환자곡에 모곡을 취함이 절도가 없고 모곡의 비용이 또한 절도가 없으니, 비록 모곡을 해마다 증가하고 달마다 증가하더라도 어찌 부족함을 면할 수 있겠습니까.

지금 해서(海西)의 제읍(諸邑)은 혹은 결환(結還)이거나, 호환(戶還)으로, 대략 일부(一夫)가 받는 환자가 많은 자는 수십 석이고 적은 자는 수석에 지나지 않으니, 결환은 오히려 고르지 않을 수 있으나 호환은 마땅히 고르게 해야 할 것입니다. 신의 생각에는 도내 호구를 통계하여 곡부(穀簿)와 서로 맞게 해서 평등하게 분배하여 각각 이전(移轉)하여 다시는 증감하지 못하게 한다면 곡부가 간략해질 것입니다.

그 모곡으로 본전(本錢)을 삼아 장차 남기려는 경우에는, 마

땅히 분류(分留)하는 제도에 몇 석분을 헤아려 더해서 써 그 대신으로 충당하게 하면, 이것은 항정(恒定)이고 저것은 월가(越加)이나, 씀에 절도가 있고 세계(歲計)에 여유가 있을 것이니, 어찌 저것에 비하겠습니까. 또 관방(關防 요새지(要塞地))과 거진(巨鎭)에 부득이 군량(軍糧)을 많이 쌓아둘 곳은, 마땅히 약간의 차등을 두고 민호(民戶)의 타역(他役)을 헤아려 감면해 주어야 할 것입니다. 농업이 침삭되는 까닭은 종축(種畜)의 정사가 소홀하기 때문입니다. ≪주관(周官)≫의 임형(林衡 주 나라 때 벼슬 이름)과 택우(澤虞 주 나라 때 벼슬 이름)에 의하면, 심는 데에 때가 있었고, 진(秦), 한(漢)의 화식가(貨殖家)에 의하면, 우(牛)·양(羊)이 산곡(山谷)에 널려 있었습니다.

지금 화전(火田)은 한만하게 금제함이 없어서 명산(名山)과 대록(大麓)도 벌거숭이 아닌 것이 없고, 관곽(棺槨)과 궁실(宮室)의 재목이 고갈되었습니다. 또 가래나무·오동나무·재나무·옻나무·느릅나무·버드나무·뽕나무 같은 것이 우연히 저절로 나더라도 나무꾼의 도끼가 먼저 미쳐서 백공(百工)의 기용(器用)이 모두 고갈되고, 대추·밤·배·감은 재배하는 시기를 잃어서 좋은 과일이 날로 결핍되며, 양(羊)들이 거의 종자가 끊어지고 닭고기·돼지고기가 푸줏간을 채울 수 없습니다. 무릇 이런 것은 모두 농가를 도와서 재산을 증식시키는 것인데 그 결핍이 이와 같으니, 농업이 어찌 침삭되지 않겠습니까.

역서(曆書 책력)의, 마땅히 기휘해야 한다[宜忌]는 여러 설(說)은 쓸데없이 인쇄하기만 수고로울 뿐 보는 사람이 없습니다. 무릇 혼사(婚事)와 장례(葬禮)에 지사(地師)를 찾아가 택일(擇日)하는 수고로움이 옛날 그대로이니 생각하건대, 어찌 일찍이 책력을 찾아보고 날짜를 정하였겠습니까. 학사(學士) 해진(解縉)이, 일찍이 이런 것들을 일체 없애버리자는 의논이 있었으니, 이것이 통달한 논의입니다. 마땅히 역서 중에 무릇 의기(宜忌)에 관계되는 말들은 모두 없애버리고, ≪농서(農書)≫를 취하여 그 종축(種畜)하는 모든 방법을 살펴야 할 것이니, 아무 달 아무 날에는 아무 곡식 아무 나무를 심고, 아무 절기의 전후(前後) 며칠 사이에는 아무 곡식 아무 나무를 심는 것에서부터 모든 가축에 이르기까지 일일이 방법을 살펴서, 날짜마다 편입하기를 마치 지금의 의기(宜忌) 제설과 같게 하면, 이는 문득 일부(一部)의 농서로 집집마다 일깨우는 것입니다. 백성들이 이미 항상 눈으로 보면 시험하지 않을 수 없고 시험하여 보람이 있으면 힘쓰지 않을 수 없으니, 이웃 마을에서 보고 감동하여 서로서로 본받으면, 10년이 지나지 않아 반드시 대동(大同)한 풍속이 이루어질 것입니다. 그런 뒤에 모든 산에 소나무를 베지 못하도록 하는 금령(禁令)과 수령(守令)이 뽕나무를 심는 공적으로, 근면하고 태만함을 엄밀히 상고하고, 토질에 맞는 것은 모두 시험하여 게을리하지 않으면, 농본(農本)이 날로 후해지고 그 이익이 날로 많아질 것입니다.

농업이 침삭되는 까닭은, 두곡(斗斛 말과 휘)이 공평하지 않기 때문입니다. 대체로 도량형(度量衡 길이·넓이·부피·무게 따위의 단위를 재는 기구의 총칭)을 똑같게 하는 것은 왕도(王道) 정치의 큰 것입니다. 지금 만두(萬斗) 천곡(千斛)이 사람 얼굴과 같아서, 멀리 바라보면 서로 비슷하나 실지로 가보면 모두 다릅니다. 경외(京外)가 서로 같지 않고 인읍(隣邑)이 서로 다른 것은 고사하고, 일읍(一邑) 안에 또 관두(官斗)와 시두(市斗)와 이두(里斗)가 따로 있고, 관두 중에도 관청(官廳)과 사창(司倉)이 같지 않고, 시두 중에도 여기의 허점과 저기의 허점이 서로 같지 않으며, 이두 중에도 동촌(東村)과 서촌(西村)이 서로 같지 않아서, 곡식이 정가(定價)가 없고 사기(詐欺)가 백방(百方)으로 일어나니, 농업이 어찌 침삭되지 않겠습니까. 삼가 살펴보건대, ≪대전통편(大典通編)≫에 의하면 공사용(公私用) 두곡에 대해 만든 제도가 법대로 되지 않고, 관인(官印)의 흔적이 분명치 않은 자를 적발하여 위령률(違令律)로 논죄(論罪)하였으니, 법이 일찍이 엄하지 않은 것은 아니나 한갓 말만 하고 실행하지 않으면 법이 없는 것만 같지 못합니다. 지금 마땅히 옛법을 거듭 밝혀 두곡의 제도를 강론하여 바로잡고, 팔방(八方)에 법을 반포하여 공두(公斗)와 사두(私斗)를 막론하고 모두 일호도 차이가 없게 하고, 혹 차이가 있으면 서울은 관서(官署)에서, 지방은 수령이 법에 따라 엄하게 다스리면, 한 달이 다 안 되어서 국내의 두곡이 일체 같아질 것입니다. 또 15두(斗)로 1곡을 삼는 것은, 거짓과 간사함이 이로 말미암아 일어납니다. 옛 제도는 10승(升)을 1두로, 10두를 1곡으로 하였으니, 지금도 한결같이 옛법을 따라 공사(公私)의 문부를 모두 정리하여 바로잡으면, 거짓과 간사함이 없어지고 문부가 분명해질 것입니다. 또 우마(牛馬)의 힘은 30두를 감당할 수 없으니, 진실로 10두를 1곡으로 하여 곡식을 수납(受納)할 때에 적당히 2곡을 실으면, 백성이 편안히 여길 것입니다.

농업이 침삭하는 까닭은, 담배[煙茶]가 성하기 때문입니다. 어떤 사람은 일체 엄금해야 된다고 말하나, 근래 의원(醫員) 중에 장개빈(張介賓) 같은 이는 담배를 매우 양약(良藥)이라 치켜세워서 '그것이 담(痰)을 다스리고 장기(瘴氣)를 막고, 속을 덥게 하고 충(蟲)을 죽이는 공이 빈랑(檳榔)보다 낫다.'고 하니, 진실로 이와 같다면 금할 수 없습니다. 그러나 양전(良田) 옥토(玉土)가 모두 담배밭이 되면 이 또한 폐속입니다.

신이 일찍이 보건대, 호서(湖西) 제읍은 담배를 모두 산에 심어 옛날 등전(磴田) 제도와 같이 하되, 맛과 품질도 역시 좋았으니, 지금 마땅히 약조(約條)를 엄하게 세워 팔도의 담배 농사는 모두 산에 심도록 하고, 평야에 담배를 심는 자는 모두 엄히 금지시키되, 오직 삼등(三登) 1현(縣)만은 그것을 야종(野種)하도록 허가하여 진상하게 하면, 인민의 기호(嗜好)도 끊기지 않고 농리(農利)도 더욱 후하여질 것입니다.

무엇을 상농(上農)이라 하는가 하면, 과거(科擧)의 제도를 정하면 농업은 스스로 높아질 것입니다. 옛날에는 사농(士農)이라고 칭했는데, 사라는 것은 벼슬한 사람이니, 무릇 조정에서 벼슬하거나 공청(公廳)에 예속된 자는 모두 사이고, 선생의 도를 배워 장차 벼슬에 나가려고 하는 자도 사입니다. 지금 벼슬도 하지 않고 농사도 짓지 않으면서 평생에 글 한 자를 읽지 않고서도 시로 지부하는데, 세상에서는 그의 허명(虛名)을 떠받드니, 거드름 피우며 사람들을 깔보고, 쟁기를 더러운 물건같이 여기며, 힘들여 일하는 것을 부끄럽게 여겨 몸소 하지 않으며, 손가락 하나 움직이지 않고서 가만히 앉아 헐벗고 굶주림을 감수하고 있습니다. ≪대학≫에,

"생산하는 자가 많고 먹는 자가 적으면 재물이 항상 풍족하다." 하였는데, 지금 온 나라가 놀고 먹으니, 재물이 어찌 결핍되지 않겠습니까. 대체로 천거하지 않고 과거를 보는 것은 옛 제도가 아닙니다. 지금 마땅히 제도(諸道) 각읍(各邑)으로 하여금 문예(文藝)의 많고 적음을 헤아려 응시자의 인원(人員)을 의정(議定)하였다가, 과년(科年)을 당할 적마다 열읍이 본수

(本數)를 선발하여 네 으뜸 고을에 올리면, 네 으뜸 고을에서 선발해서 영시(營試)에 나가게 하고, 영시에 합격한 자는 회시(會試)에 나가게 하며, 서울에도 각방(各坊)으로 하여금 각기 응시자의 인원을 정하게 하여, 방에서 선발하여 부(部)에 올리고, 부에서 선발하여 성균관(成均館)에 올리고, 거기에 합격한 자라야 회시에 나가게 하면, 갓끈이나 드리우고 게으름피우며 놀고 먹는 선비가 모두 장차 전업(轉業)하여 농사를 짓게 될 것이니, 농가가 스스로 높아질 뿐만 아니라, 과거의 허다한 부정의 폐단(弊端)도 또한 없애려고 하지 않아도 자연히 없어질 것입니다.

지금 농업을 높이고자 하시면, 말업(末業 공업과 상업)을 억제하면 농업은 저절로 높아질 것입니다. 선왕의 제도는 비려족당(比閭族黨)의 농토를 받아 힘써 농사를 지었기 때문에 말업이 성하지 못하였습니다. 양귀산(楊龜山 귀산은 양시(楊時)의 호)이 말하기를,

"당시에는 천하에 농토를 받지 않은 사람이 없었으므로, 놀며 게으름피우고 간악하고 흉칙한 백성이 그 사이에 용납될 수 없었다."

하였는데, 지금은 말업이 본업을 뛰어넘은 지가 오래되었습니다. 신이 일일이 번거롭게 말씀드릴 수 없으니, 신은 오직 당

장 본 것으로 그 일면을 들겠습니다. 수안(遂安)의 금점(金店)은 과연 무슨 법을 따른 것입니까. 금 생산의 풍요롭기가 예전에는 미처 듣지 못한 바입니다. 날마다 금이 마치 기왓장이나 조약돌처럼 흔하게 나와 재물을 실어오느라 수레가 폭주(輻湊)하고, 인민(人民)이 많아서 소매가 잇달고 땀이 비오듯하며, 금기(錦綺)·포백(布帛)·어염(魚鹽)·도미(稻米) 등 모든 물건이 전(廛)마다 쌓여 있는 것이 도읍(都邑)과 방불하니, 금의 풍산(豐産)은 이를 미루어서 알 수 있습니다. 세금은 얼마나 징수하는가 물으면, 월납전(月納錢) 수백 냥(兩)은 탁지부(度支部)에서 관장하지 않고 군문(軍門)에서도 알지 못하여, 한 낱의 금(金)도 공부(公府)에 들어오지 않는다 하니, 이는 과연 무슨 법을 따른 것입니까. 국폐(國幣)는 황금을 쓰지 않으나, 뜻밖의 일에 대비하는 것은 마땅히 생각하지 않을 수 없는 것이니, 탁지부에서 주관하여 관원을 파견해서 금을 캐어 관으로 들여오면 무엇이 불가하겠습니까. 어떤 사람은 말하기를,

"관에서 캐면 점민(店民)이 모두 흩어져 금을 얻는 것이 지금만 같지 못하다."

합니다. 아, 사람을 때려 죽이고 무덤을 파헤친, 죽여야 할 간흉을 숨겨주는 무리로 하여금 하루에 천만 금을 얻어 몰래

팔아서 연경(燕京)의 재물이 되게 하면, 국가에 무슨 도움이 되겠습니까. 금을 캐지 않으면 부(富)를 산에 묻어두는 것이니, 그것은 오히려 우리의 소유가 되는 것입니다. 이미 관에서 캐지 않았으니, 마땅히 곧 금지시켜서 각각 귀농(歸農)하게 하소서. 지금 산골 농가에 하루 품삯으로 1백 냥을 주어도 사람을 살 수가 없는 것은 금점 때문이고, 풍년에 곡가가 낮지 않고 어염(魚鹽)과 백물(百物) 값이 오르는 것도 금점 때문이고, 산골에 도적이 생기고 부자집 자제들이 방탕한 것도 금점 때문입니다. 요즈음 듣건대, 홀동(笏洞)의 금점이 조금 쇠하였다고는 하나, 성하고 쇠하는 것은 달로 달라서 옮겨 다니는 것이 마치 이적(夷狄)과 같으므로 농민이 탄식하여 절제하기를 바라지 않는 이가 없으니, 신이 감히 전달하지 않을 수 없습니다.

지금 농업을 높이려 하시거든, 양역법(良役法)을 고치면 농업은 저절로 높아질 것입니다. 백성이 양역을 노비(奴婢)처럼 여겨 한 번 역명(役名)을 얻으면 서로 통혼(通婚)하지 않고 앉을 때도 연치(年齒)를 따르지 않는데, 농부라는 명칭을 면하지 못하면 또한 양역을 면하지 못하므로, 한 해에 10곡(斛)의 속(粟)을 거두는 자는 쟁기를 버리고 유명(儒名)에 투탁(投托)하며, 차라리 전토를 떼어 사람을 사서 응할지언정 자역(自役)은 하지 않고, 가짜 족보와 직첩(職牒)이 어지럽게 일어나서, 아비를 바꾸고 할아비를 바꾸고도 편안히 여겨 부끄러워 할 줄을 모르니, 윤강(倫綱)을 패하고 풍속을 상함이 이보다 심할 수 없습니다.

대저 양역(良役)에 응하는 자에 네 부류가 있으니, 첫째 귀신(鬼神 죽은 사람)이요, 둘째는 걸인(乞人)이요, 셋째는 도망자(逃亡者)요, 넷째는 오유(烏有 아무것도 없는 것)입니다. 자기 집에 있으면서 쌀밥을 먹고 고향 떠나기를 싫어하는 자가 어찌 양역에 응하겠습니까. 겨우 10에 1~2명이나 있을 뿐입니다. 이와 같은 자는 대개 그 조상 때부터 전해 내려오면서 추쇄(推刷)하기를 바치 노비처럼 하는데, 재물이 넉넉지 못하여 미처 거기에서 벗어나지 못한 자입니다. 신이 부임한 뒤에 보니 추쇄를 노비처럼 하여 타방(他坊)에 월침(越侵)한 자가 있고, 본리(本里)에 조사하게 하여 조사를 받은 양정(良丁)이 놀라 넋을 잃고서 하늘을 쳐다보며 크게 부르짖는 자가 있었으니, 양인을 억압하여 천민(賤民)을 만드는 것임을 알았습니다. 대저 습속이 이미 고질이 되어 소진(蘇秦)·장의(張儀)도 달랠 수 없고, 공수(龔遂)·황패(黃霸)도 길들일 수 없습니다. 그리고 면포(棉布)의 승수(升數)는 군문(軍門)에서 해마다 더 책칙(責勅)하여, 지난해 본부민(本部民)이 포보포(砲保布) 1필(疋)이 7~8냥에 이르렀습니다. 진실로 두메산골에는 면전(棉田)이 없고 세직(細織)은 모두 서관(西關)에서 무역하는데 간민(奸民)이 재물을 거두어 도거리로 사오고, 활리(猾吏)가 뇌물을 탐하여 물리거나 택하기 때문에 비용이 대체로 이에 이른 것이니, 이는 참으로 심한 것입니다. 곧 면을 생산하는 고을도 4냥(兩)의 돈이 아니면 면포를 납품할 수 없으니, 명색은 비록 1필이나 실상은 2필인 것입니다. 또 금어포(禁御布)의 승수는 조금 내려서 삼반포(三半布)를 허락하되, 포보포의 승수는 이미 엄격한데도 또 순포(純布)로 하도록 하니, 고락(苦樂)이 크게 다르고 민역(民役)이 고르지 않습니다.

그리고 경사(京司)에서 사용하는 자[尺]는, 수령이 길고 짧은 것을 살피지 아니하여, 감리가 그 나머지를 도둑질하니, 마땅히 유척(鍮尺 놋쇠로 만든 척도(尺度)가 가장 정확한 자)을 만들어 경외(京外)가 서로 같게 해야 할 것입니다. 그러나 이는 모두 절목(節目)에 해당하는 일이니, 양역을 변경하지 않으면 백성은 끝내 보전하기 어렵습니다. 호포(戶布)를 말하는 자도 있고, 구전(口錢)을 말하는 자도 있으나, 지금 갑자기 행하면 백성이 장차 소란해질 것이니 지난해 관서(關西)의 일에서 증험할 수 있습니다. 옛날 장횡거(張橫渠 횡거는 장재(張載)의 호)는,

"정전법(井田法)은 행할 수 있다."

하였는데, 주자(朱子)는 말하기를,

"만약 그것을 행하고자 하면 반드시 기회가 있어야 하니, 평세(平世)에는 진실로 행하기가 어렵다."

하였습니다. 지금 호포를 행하기 어려운 것이 정전법과 다를 것이 없습니다. 그러나 방법이 있게 조치하고 점차적으로 시행하면, 백성이 놀라지 않고 일을 성사시킬 수 있습니다. 지금 해서(海西)에는 군포계(軍布契)가 있고 역근전(役根田)이 있는데, 첨정(簽丁)은 다만 차명(借名 이름만 빌림)뿐이나 납포(納布)는 도시 이렴(里斂)과 같으니, 이미 허오(虛伍)가 아니므로 관에서도 금하지 않습니다. 신은 생각하건대, 지금부터 양역은 해읍(該邑)에 일임하고 경영(京營)에 예속시키지 말아서, 이른바 포보(砲保)·금보(禁保) 등의 명색(名色)은 다만 본읍(本邑)으로 하여금 편의대로 개혁하도록 하고, 도안(都案)을 고치고 사정(査正)하는 법을 고치는 것은 일체 혁파(革罷)하고, 다만 양역의 원 총수에 따라 해읍으로 하여금 준례를 살펴 숫자를 상고해서, 도감(都監)에는 몇 필, 금영(禁營)에는 몇 필을 세납(歲納)하고, 첨정 충오(充伍)의 일은 경사(京司)와 병영(兵營)이 모두 구관(句管)하지 말도록 하면, 10년을 지나지 않아서 신포(身布)가 모두 이포(里布)가 될 것입니다. 이미 이포가 되면 그것으로 호포를 만드는 것은 한 번 굴리는 것이니 국용(國用)에 조금도 손해가 없고, 민생(民生)의 질고

(疾苦)가 없어질 것입니다. 어떤 이는 말하기를,

"포보는 장차 포수(砲手)를 선발하려는 것이고, 금보는 장차 번군(番軍)을 선발하려는 것이니, 마땅히 명목을 보존하고 보를 호로 올려야 한다."

합니다. 아, 그러나 포수와 번군을 어찌 일찍이 보로 올려 호로 만들었겠습니까. 가령 국가에 위급한 일이 있다면, 포보는 포수를 따르고 금보는 금위(禁衛)를 따르겠습니까. 이는 모두 명목을 만든 것으로서, 실상은 포를 징수하기 위함이니, 포를 이미 징수했는데 명목은 장차 어디에 쓰겠습니까. 진실로 신의 말처럼 한다면 비록 해읍에서 예전대로 첨정을 두더라도, 도망채(逃亡債)·노제채(老除債)·부표채(付標債)·개안(改案)·경인정(京人情)·영인정(營人情) 등 허다한 낭비는 모두 없어질 것이니, 어찌, 백성에게 베풀어진 혜택이 크지 않겠습니까.

양역을 혁파시키면 백성이 농부라는 명칭을 부끄러워하지 않을 것이므로, 농업은 자연히 높아질 것입니다. 지금 농업을 높이고자 하시면, 상(上)께서 친경(親耕)의 예(禮)를 행하시면, 농업은 저절로 높아질 것입니다. 역대의 성왕(聖王)이 이것을 행하지 않은 이가 없으니, 하루만 예를 행하면 사방이 바람에 쏠리듯 좇을 것입니다. 위에 좋아하는 자가 있으면 아래에는 반드시 심한 자가 있는 것인데, 지금 어찌 오래도록 행하지

않으십니까. 어떤 이는 말하기를,

"친경을 행하면 친잠(親蠶)도 행하여야 한다."
하나, 이것은 그렇지 않을 듯합니다. 때는 고금(古今)이 있고 예는 참작을 귀히 여기는 것인데, 어찌 반드시 함께 행해야 하겠습니까. 국가의 욕의(縟儀 번잡한 의식)는 해마다 행하기 어려우니, 마땅히 제도(諸道)의 감사로 하여금 그의 관속을 거느리고 대부가 추경(推耕)하는 예를 행하게 하고, 모든 수령(守令)들도 모두 그렇게 한다면 백성들이 보고 느끼는 효과가 치우(置郵 파발말)보다 빨라서, 백성이 농업을 경시하지 않을 것이므로, 농업은 저절로 높아질 것입니다.

3. 田 論

田論一

有人焉。其田十頃。其子十人。其一人得三頃。二人得二頃。三人得一頃。其四人不得焉。嘷號宛傳。莩於塗以死。則其人將善爲人父母者乎。天生斯　　民。先爲之置田地。令生而就哺焉。旣又爲之立君立牧。令爲民父母。得均制其產而竝活之。而爲君牧者拱手孰視其諸子之相攻奪竝呑而莫之禁也。使強壯者益獲。而弱者受擠批。顚于地以死。則其爲君牧者。將善爲人君牧者乎。故能均制其產而竝活之者。君牧者也。不能均制其產而竝活之者。負君牧者也。今國中田地。大約爲八十萬結。英宗己丑。八道時起水田三十四萬三千結零。旱田四十五萬七千八百結零。奸吏漏結及山火田。不在此中。人民大約爲八百萬口。英宗癸酉。京外人口七百三十萬弱。計當時漏口及其間生息。宜不過七十萬。試以十口爲一戶。則每一戶得田一結。然後其產爲均也。今文武貴臣及閭巷富人。一戶粟數千石者甚衆。計其田不下百結。則是殘九百九十人之命。以肥一戶者也。國中富人如嶺南崔氏湖南王氏。粟萬石者有之。計其田不下四百結。則是殘三千九百九十人之命。以肥一戶者也。而朝廷之上。不孳孳焉汲汲焉。唯損富益貧。以均制其產之爲務者。不以君牧之道。事其君者也。

田論二

將爲井田乎。曰否。井田不可行也。井田者旱田也。水利既興。秔稌既甘矣。棄水田哉。井田者平田也。柞既力。山谿既闢矣。棄餘田哉。將爲均田乎。曰否。均田不可行也。均田者。計田與口而均分之者也。戶口增損。月異而歲殊。今年以甲率分。明年以乙率分。毫忽之差。巧曆莫察。饒瘠之別。頃畝莫限矣。均乎哉。將爲限田乎。曰否。限田不可行也。限田者。買田至幾畝而不得加。鬻田至幾畝而不得減者也。藉我以人之名而加之焉。孰知之乎。藉人以吾之名而減之焉。孰知之乎。故限田不可行也。雖然人皆知井田之不可復。而獨均田限田。明理識務者亦肯言之。吾竊惑焉。且夫盡天下而爲之農。固吾所欲也。其有不盡天下而爲之農者。亦聽之而已。使農者得田。不爲農者不得之則斯可矣。均田限田者。將使農者得田。使不爲農者亦得之。使不爲工商者亦得之。夫使不爲工商者亦得之。是率天下而敎之游也。率天下而敎之游。其法固不能盡善也。

田論三

今欲使農者得田。不爲農者不得之。則行閭田之法而吾志可遂也。何謂閭田。因山谿川原之勢而畫之爲界。界之所函。名之曰閭。周制二十五家爲一閭。今借其名。約於三十家。有出入。亦不必一定其率。閭三爲里。風俗通五十家爲一里。今借其名。不必五十家。里五爲坊。坊邑里之名。漢有九子坊。今國俗亦有之。坊五爲邑。周制四井爲邑。今以郡縣治所爲邑。閭置閭長。凡一閭之田。令一閭之人咸治厥事。無此疆爾界。唯閭長之命是聽。每役一日。閭長注於冊簿。秋既成。凡五穀之物。悉輸之閭長之堂。閭中之都堂也。分其糧。先輸之公家之稅。次輸之閭長之祿。以其餘配之於日役之簿。假令得穀爲千斛。以十斗爲一斛。而注役爲二萬日。則每一日分糧五升。有一夫焉。其夫婦子媳。注役共八百日。則其分糧爲四十斛。有一夫焉。其注役十日。則其分糧四斗已矣。用力多者得糧高。用力寡者得糧廉。其有不盡力。以賭其高者乎。人莫不盡其力。而地無不盡其利。地利興則民產富。民產富則風俗惇而孝悌立。此制田之上術也。

田論四

有閭焉。三十家共一閭。閭長曰某甲耕彼。某乙芸彼。職事既分。有負耒耜挈妻子而至者曰。願受一廛。將奈何。曰受之而已矣。曰一閭之田不加廣。一閭之民無定額奈何。曰民之趨利也。由水之趨下也。知地廣而人力詘也。知田小而出穀多也。知秋之分糧之高也。然後負耒耜挈妻子而至。願受一廛也。曰然。有閭焉。二十家共一閭。閭長曰某甲畬彼。某乙糞彼。職事旣分。有負耒耜挈妻子而去者曰。適彼樂土。將奈何。亦聽之而已矣。民之辟害也。若火之違濕也。知地狹而人力贏也。知力倍而得穀少也。知秋之分糧之廉也。然後負耒耜挈妻子而去。適彼樂土也。故上不出令而民之宅里均。上不出令而民之田地均。上不出令而民之富貧均。熙熙然來。穰穰然往。不出八九年。國中之田均矣。曰民之以田爲域也。猶羊之有笠也。今使之熙熙然來。穰穰然往。若鳥獸之相逐也。使民若鳥獸之相逐者。亂之本也。曰然。行之八九年。民粗均矣。行之十餘年。民大均矣。民大均然後。爲之籍以隷其屋宅。爲之劵以管其遷徙。一民之來而受之有限。一民之往而聽之有節。地廣而人少者受。人少而得穀多者受。地狹而人衆者聽。人衆而得穀寡者聽。不如是而徙者。客無所之。客無所之。則莫往而莫來矣。

田論五

農者得田。不爲農者不得之。農者得穀。不爲農者不得之。工以其器易。商以其貨易。無傷也。若士則十指柔弱。不任力作。耕乎芸乎。畬乎糞乎。名不得注于冊則秋無分矣。將奈何。曰噫嘻。吾所爲閭田之法者。正爲是也。夫士也何人。士何爲游手游足。呑人之土食人力哉。

夫其有士之游也。故地利不盡闢也。知游之不可以得穀也。則亦將轉而緣南畝矣。士轉而緣南畝而地利闢。士轉而緣南畝而風俗厚。士轉而緣南畝而亂民息矣。曰有必不得轉而緣南畝者。將奈何。曰有轉而爲工商者矣。有朝出耕夜歸讀古人書者矣。有敎授富民子弟。以求活者矣。有講究實理。辨土宜興水利。制器以省力。敎之樹藝畜牧。以佐農者矣。若是者。其功豈扼腕力作者所 能比哉。一日之役注十日。十日之役注百日。以分其糧焉可也。士何爲無分哉。

田論六

田以什一而稅。法也。薄稅而不什一。貊之道也。重稅而不什一。桀之道也。今田得穀百斗者。公家之稅不過五斗。是二十而取一也。私家之稅五十斗則是什五也。公家之爲大貊。私家之爲大桀。而國貧不支。民匱不給。此遵何法哉。罷秉竝之家。而行什一之稅。則國與民俱富矣。然什一之稅。不可易言也。將視歲之豐儉而上下其稅乎。唯井田爲然。閭田不可爲也。相土之肥瘠。量穀之多寡。較數歲之中以爲常令。一定其總。不得加減。唯大無之年。權貸其稅。遇大有之年。照數賠補。則國有定入。民有定供。而諸亂俱整矣。凶年民望蠲無厭者。爲其永蠲也。知豐年之有補還。則不望蠲無厭矣。不望蠲無厭則奸僞不興矣。唯山崩川決。永世而不墾者。永蠲之而已矣。然有灌水開荒。斫木拔石而爲田者。亦將數十年一籍之。則彼山崩 川決而永蠲者。亦有以賠補也。公稅旣什一矣。國用旣倍增矣。祿不可不厚也。今旣無兼竝之田。又從而薄其祿。則國無君子者矣。令仰足以事父母。俯足以育妻子。又足以周族黨養賓客字僕隷崇第宅美衣馬而後。有願立於朝者矣。

田論七

古者寓兵於農。今行閭田之法。則其於制兵也尤善矣。國制兵有二用。一以編伍以待疆場之變。一以收布以養京城之兵。二者不可廢也。編伍之卒。常無統領。將卒不相習。不相爲用。奚其爲兵哉。今閭置閭長。令爲哨官。里置里長。令爲把摠。坊置坊長。令爲千摠。里長以大閭之長兼之。坊長擇里長之賢者兼之。祿不疊受。邑置縣令。令得節制。則制田而兵在其中矣。人自爲田。各私其私。故紀綱不立。命令不行。今十口之命。懸於閭長。終歲奔走。聽其節制。以之爲兵。而進退如律何者。敎習有素也。大較一閭之民。三分其率。其一出戶丁以應編伍。其二出戶布以應軍需。而以役丁多寡。加減其布。則括丁充軍之弊。 亦頓然遂除矣。近歲李相國秉模觀察關西。試戶布之法於中和一府。府民相聚號哭。事遂已。夫國之行法。自貴近始也。令自卑遠。未有不相聚號哭者也。行乎哉。行閭田之法而申之以孝弟之義。律之以庠序之敎。使民親其親長其長。則戶布自行矣。

田論(번역문)

田論(전론) 1

어떤 사람이 있어 그의 전지(田地)는 10경(頃 1백 이랑, 즉 백묘(百畝)의 지적(地積)을 말함)이었고, 그의 아들은 10인(人)이었다. 그의 아들 1인은 전지 3경을 얻고, 2인은 2경을 얻고, 3인은 1경을 얻고 나니 나머지 4인은 전지를 얻지 못하였다. 그래서 그들이 부르짖어 울고 이리저리 굴러다니다가 길바닥에서 굶어 죽는다면 그들의 부모된 사람이 부모 노릇을 잘 한 것일까?

하늘이 이 백성을 내어 그들을 위해 먼저 전지(田地)를 두어서 그들로 하여금 먹고 살게 하고, 또 그들을 위해 군주(君主)를 세우고 목민관(牧民官)을 세워서 군주와 목민관으로 하여금 백성의 부모가 되게 하여, 그 산업(産業)을 골고루 마련해서 다 함께 살도록 하였다. 그런데도 군주와 목민관이 된 사람은 그 여러 자식들이 서로 치고 빼앗아 남의 것을 강탈해서 제 것으로 만들곤 하는 것을, 팔짱을 낀 채 눈여겨 보고서도 이를 금지시키지 못하여 강한 자는 더 차지하고 약한 자는 떠밀려서 땅에 넘어져 죽도록 한다면, 그 군주와 목민관이 된 사람은 과연 군주와 목민관 노릇을 잘 한 것일까?

그러므로 그 산업(産業)을 골고루 마련하여 다 함께 잘 살도록 한 사람은 참다운 군주와 목민관이고, 그 산업을 골고루 마련하여 다 함께 잘 살도록 하지 못하는 사람은 군주와 목민관의 책임을 저버린 사람이다. 지금 국중(國中)의 전지(田地)는 대략 80만 결(結) 영종(英宗) 기축년(1769)에 팔도(八道)의 현재 기간(起墾)된 수전(水田)은 34만 3천 결이고, 한전(旱田)은 45만 7천 8백 결 남짓인데, 간악(奸惡)한 관리가 빠뜨린 전결(田結) 및 산전(山田)·화전(火田)은 이 안에 들지 않는다. 이고, 백성이 대략 8백 만 인구(人口) 영종(英宗) 계유년(1753)에 서울과 지방의 총 인구가 7백 30만이 조금 부족하였는데, 그 당시 숫자에 빠진 인구 및 그 사이에 나서 불어난 인구가 의당 70만을 넘지 않을 것이다. 인데, 시험삼아 10구(口)를 1호(戶)로 쳐본다면 매양 1호마다 전지 1결(結)씩을 얻은 다음에야 그 재산이 똑 고르게 된다.

지금 문관(文官)·무관(武官) 등의 귀신(貴臣)들과 여항(閭巷)의 부인(富人) 가운데는 1호당 곡식 수천 석(石)을 거두는 자가 매우 많은데, 그 전지를 계산해 보면 1백 결(結) 이하는 되지 않을 것이니, 이는 바로 9백 90명의 생명을 해쳐서 1호를 살찌게 하는 것이다. 국중(國中)의 부인(富人)으로서 영남(嶺南)의 최씨(崔氏)와 호남(湖南)의 왕씨(王氏) 같은 경우는 곡식 1만 석(石)을 거두는 자도 있는데, 그 전지를 계산해 보면 4

백 결 이하는 되지 않을 것이니, 이는 바로 3천 9백 90인의 생명을 해쳐서 1호만을 살찌게 한 것이다.

그런데도 불구하고 조정(朝廷)에서 벼슬하는 관리들이 부지런히 시급하게 서둘러서 오직 부자의 것을 덜어내어 가난한 사람에게 보태주어서 그 재산을 골고루 제정하기를 힘쓰지 않고 있으니, 그들은 군주와 목민관의 도리로써 그 임금을 섬기는 사람이 아니다.

田論(전론) 2

장차 정전(井田)을 할 것인가? 아니다. 정전은 시행할 수가 없다. 정전이란 한전(旱田)으로 하는 것인데, 수리(水利) 사업이 잘 일으켜져서 갱도(秔稌 메벼와 찰벼)가 이미 맛이 있으니, 수전(水田)을 버릴 수 있겠는가. 정전이란 평전(平田)으로 하는 것인데, 이미 힘써 벌목(伐木)하여 산골짜기가 개척되었으니, 그 비탈진 나머지 전지를 버릴 수 있겠는가.

장차 균전(均田)을 할 것인가? 아니다. 균전은 시행할 수가 없다. 균전이란 전지와 인구(人口)를 계산하여 똑 고르게 나누는 것인데, 호구(戶口)의 늘고 줄고 하는 것이 달마다 달라지고 해마다 달라지므로, 금년에는 갑률(甲率)로 나누고 명년(明

年)에는 을률(乙率)로 나누게 됨으로써, 아무리 계산이 밝다 해도 그 털끝만한 차이점을 살필 수 없을 것이며, 전지의 비옥하고 척박한 구별은 경(頃)·묘(畝)에 제한이 없을 것이니, 이를 고르게 할 수 있겠는가.

장차 한전(限田)을 할 것인가? 아니다. 한전은 시행할 수가 없다. 한전이란 전지를 사되 몇 이랑까지에 이르면 더 이상 살 수 없으며, 전지를 팔되 몇 이랑까지에 이르면 더 이상 줄일 수 없는 것이다. 그런데 내가 남의 이름을 빌려 더 사서 보탠다면 그 누가 알겠으며, 남이 나의 이름을 빌려 더 팔아 줄인들 그 누가 이를 알겠는가. 그러므로 한전은 시행할 수가 없다.

비록 그러나 사람들이 모두 정전(井田)은 회복할 수 없음을 알면서도 유독 균전(均田)과 한전(限田)에 대해서만은 사리(事理)에 밝고 시무(時務)를 아는 사람들도 또한 즐겨 말하니, 나는 그윽이 의혹(疑惑)이 생긴다.

그리고 대저 온 천하 사람에게 모두 농사를 짓도록 하는 일은 본디 내가 하고자 한 바이지만, 그 온 천하 사람이 모두 다 농사만을 짓지 않는다 해도 또한 이를 허가할 뿐이다. 농사를 짓는 사람에게는 전지를 얻도록 하고 농사를 짓지 않는 사람에게는 전지를 얻지 못하도록 한다면 이는 옳은 일이다. 그러나 균전(均田)과 한전(限田)은 장차 농사를 짓는 사람에게도 전지를 얻도록 하고, 농사를 짓지 않는 사람에게도 또한 전지를 얻도록 하고, 공업(工業)과 상업(商業)을 하지 않는 사람에게도 또한 전지를 얻도록 하니, 대저 공업과 상업을 하지 않는 사람에게도 또한 전지를 얻도록 한다면, 이는 바로 온 천하 사람을 거느리고 놀기를 가르치는 일이다. 진정 온 천하 사람을 거느리고 놀기를 가르치고 있다면 그 법은 진실로 진선진미하지 못한 것이다.

田論(전론) 3

이제 농사를 짓는 사람에게는 전지를 얻도록 하고, 농사를 짓지 않는 사람에게는 전지를 얻지 못하도록 한다면, 여전(閭田)의 법(法)을 시행하여야만이 나의 뜻을 이룰 수 있을 것이다.

무엇을 여전(閭田)이라 하는가. 산골짜기와 천원(川原)의 형세를 가지고 경계[界]를 그어 만들고는, 그 경계의 안을 여(閭)라 이름하고 주(周) 나라 제도(制度)에 25가(家)를 1려(閭)라 하는데, 이제 그 이름을 빌려 대략 30(家)에서 약간 나가고 들어감이 있게 하고, 또한 반드시 그 율(率)을 일정하게 하지는 않는다. 여(閭) 셋을 이(里)라 하며, ≪풍속통(風俗通)≫에 의하면, 50가(家)를 1리(里)라 하는데, 이제 그 이름을 빌렸으나, 반드시 50가(家)로만 하지는 않는다. 이(里) 다섯을 방(坊) 방(坊)은 읍리(邑里)의 이름으로, 한(漢) 나라 때에 구자방(九子坊)이 있었는데, 지금 우리나라 풍속에도 또한 이것이 있다. 방 다섯을 읍(邑) 주(周) 나라 제도에 4정(井)을 읍(邑)이라 하였는데, 지금은 군(郡)·현(縣)의 소재지(所在地)를 읍이라 한다. 여(閭)에는 여장(閭長)을 두고 무릇 1려(閭)의 전지(田地)는 1려의 사람들로 하여금 다 함께 그 전지의 일을 다스리되, 피차(彼此)의 강계(疆界)가 없이 하고 오직 여장(閭長)의 명령만을 따르도록 한다.

매양 하루하루 역사(役事)할 때마다 여장(閭長)은 그 일수(日數)를 장부(帳簿)에 기록하여 둔다. 그래서 추수(秋收) 때에는 그 오곡(五穀)의 곡물(穀物)을 모두 여장의 당(堂) 여(閭) 안의 도당(都堂)이다. 운반하여 그 양곡(粮穀)을 나누는데, 먼저 공가(公家 정부(政府)를 가리킴)의 세(稅)를 바치고, 그 다음은 여장(閭長)의 녹(祿 봉급)을 바치고, 그 나머지를 가지고 날마다 역사(役事)한 내용대로 장부(帳簿)에 의해 분배(分配)한다. 가령 곡식을 수확한 것이 천곡(千斛) 10두(斗)를 1곡(斛)으로 한다. 그 장부에 기록된 역사한 일수(日數)가 2만 일이면 매양 하루당 양곡 5승(升)을 분배하게 된다.

어떤 사람의 경우, 그 부부(夫婦)와 아들과 며느리의 장부에 기록된 역사 일수가 모두 8백 일이면 그 분배된 양곡은 40곡

(斛)이 되고, 또 어떤 사람의 경우, 그 장부에 기록된 역사 일수가 10일면 그 분배된 양곡은 4두(斗)뿐인 것이다.

노력(努力)을 많이 한 사람은 양곡을 많이 얻게 되고 노력이 많지 않은 사람은 양곡을 적게 얻게 되니, 그 힘을 다하여 많은 양곡을 타려고 하지 않을 사람이 있겠는가. 사람들이 모두 그 힘을 다함으로써 토지에서도 그 이익을 다 얻게 될 것이다. 토지의 이익이 일어나면 백성의 재산이 풍부해지고, 백성의 재산이 풍부해지면 풍속(風俗)이 순후해지고 효(孝)·제(悌)가 행해지게 될 것이니, 이것이 전지(田地)를 다스리는 가장 좋은 방법이다.

田論(전론) 4

여(閭)가 하나 있는데 30가(家)가 함께 한 여(閭)로 되었다. 여장(閭長)이 '아무개는 저 전지를 갈고, 아무개는 저 전지를 김매라.' 하여 직사(職事)가 이미 나누어졌는데, 어떤 사람이 농구(農具)를 짊어지고 처자(妻子)를 데리고 와서 '한 터전을 주시기 바랍니다.'고 한다면 장차 어찌하겠는가? 그를 받아줄 수밖에 없다. 그렇다면 1려(閭)의 전지는 더 넓어지지 않는데 1려의 백성은 일정한 수(數)가 없으니 어찌하겠는가. 백성이

이(利)를 따라가는 것은 마치 물이 아래로 흐르는 것과 같다. 이는 곧 전지는 넓은데도 인력(人力)이 모자라는 것을 알고 있으며, 전지는 적은데도 곡식 수확이 많은 것을 알고 있으며, 가을에 양곡 분배가 많을 것을 알고 있기 때문이다. 그런 연후에야 농구(農具)를 짊어지고 처자(妻子)를 데리고 와서 한 터전을 받기를 원한 것이다.

그러나 또 여(閭) 하나가 있는데, 20가(家)가 1려(閭)로 되었다. 여장(閭長)이 '아무개는 저 전지에 잡초(雜草)를 불사르고, 아무개는 저 전지에 거름을 주라.' 하여 직사(職事)가 이미 나누어졌는데, 어떤 사람이 농구(農具)를 짊어지고 처자(妻子)를 데리고서 '저 살기 좋은 곳으로 가겠습니다.' 하고 떠난다면 장차 어찌하겠는가? 또한 그의 소원을 들어줄 뿐인 것이다. 백성이 해(害)를 피해 가는 것은 마치 불이 습기(濕氣)를 피하는 것과 같다. 이는 곧 전지가 좁아서 인력(人力)이 남아도는 것을 알고 있으며, 힘은 배(倍)나 들어도 곡식 수확이 적은 것을 알고 있으며, 가을에 양곡 분배가 적을 것을 알고 있기 때문이다. 그런 연후에야 농구를 짊어지고 처자를 데리고 떠나서 저 살기 좋은 곳으로 가는 것이다.

그러므로 위에서 영(令)을 내리지 않아도 백성들의 택리(宅里)가 고르게 되고, 위에서 영을 내리지 않아도 백성들의 전지(田地)가 고르게 되고, 위에서 영을 내리지 않아도 백성들의 빈부(貧富)가 똑 고르게 되어, 많은 사람이 여기저기로 자주 왕래하게 되리니, 이렇게 되면 8-9년도 지나지 않아서 나라 안의 전지가 고르게 될 것이다.

백성을 전지로써 경계[域]를 만드는 것은 마치 양(羊)을 우리에 가두는 것과 같은 것인데, 이제 그들로 하여금 많은 사람이 자유로이 왕래하도록 하니 이는 마치 새나 짐승이 서로 좇아다니는 것과 같게 된다. 백성들이 마치 새나 짐승처럼 서로 좇아다니는 것과 같이 된다면 이는 바로 난(亂)의 근본이다.

그러나 이를 시행한 지 8, 9년이 지나면 백성이 차츰 고르게 될 것이고, 이를 시행한 지 10여 년이 지나면 백성이 아주 고르게 될 것이다. 백성이 아주 고르게 된 연후에야 호적(戶籍)을 만들어서 그 가옥(家屋)과 주거(住居)를 등록(登錄)시키고, 문권(文券)을 만들어서 그 이주(移住)에 대한 일을 관리(管理)하여, 한 백성이 오는 데에도 그를 받아들이는 데에 제한(制限)을 두고, 한 백성이 가는 데에도 그를 허가(許可)하는 데에 절차를 두어, 전지는 넓으나 사람이 적은 곳은 오는 사람을 받아들이고, 사람은 적은데도 곡식 생산이 많은 곳은 역시 오는 사람을 받아들이며, 전지는 좁은데 사람이 많은 곳은 떠나는 것을 허가해 주고, 사람은 많은데 곡식 생산이 적은 곳은 역시 사람이 떠나는 것을 허가해 준다. 이와 같지 않은데도 옮겨 다니는 사람은 떠도는 나그네가 되어 갈 데가 없을 것이니, 나그네가 되어 갈 데가 없게 되면 갈 수도 없고 올 수도 없을 것이다.

田論(전론) 5

농사를 짓는 사람은 전지(田地)를 얻게 되고, 농사를 짓지 않는 사람은 전지를 얻지 못하게 되며, 농사를 짓는 사람은 곡식을 얻게 되고, 농사를 짓지 않는 사람은 곡식을 얻지 못하게 된다. 그러나 공업(工業)을 하는 사람은 그의 기구(器具)로써 곡식을 바꾸게 되고, 상업(商業)을 하는 사람은 그의 화물(貨物)로써 곡식을 바꾸게 되니, 걱정할 것이 없다.

그러나 선비[士]는 열 손가락이 모두 유약(柔弱)하여 힘들여 일을 할 수 없으니, 밭을 갈 수 있는가, 김을 맬 수 있는가, 잡초(雜草)를 불살라서 전지를 일구겠는가, 거름을 주겠는가. 이름이 장부(帳簿)에 기록되지 못하면 가을에 곡식 분배가 없을 것이니, 장차 어찌하겠는가. 아, 내가 여전(閭田)의 법(法)을 만들려는 것은 바로 이를 위해서이다.

대저 선비란 어떤 사람인가? 선비는 무엇 때문에 손발을 놀리면서 남의 토지를 빼앗아 차지하고 남의 힘으로 먹고 사는가? 대저 노는 선비가 있기 때문에 지리(地利)가 다 개척되지 못하니, 놀고서는 곡식을 얻을 수 없음을 안다면 또한 장차 직업을 바꾸어 농사를 짓게 될 것이다. 선비가 직업을 바꾸어 농사일을 함으로써 지리가 개척되고, 선비가 직업을 바꾸어 농사일을 함으로써 풍속(風俗)이 순후(淳厚)해지고, 선비가 직업을 바꾸어 농사일을 함으로써 난민(亂民)이 근절될 것이다.

그러나 선비 중에 반드시 직업을 바꾸어 농사일을 할 수 없는 사람이 있다면 장차 어찌하겠는가. 직업을 바꾸어 공업(工業)이나 상업(商業)을 하는 사람도 있을 것이고, 아침에는 나가서 농사일을 하고 밤에는 돌아와서 독서(讀書)를 하는 사람도 있을 것이며, 부민(富民)의 자제(子弟)들을 가르쳐 주고 생활을 영위하는 사람도 있을 것이며, 실리(實理)를 강구하고 토지의 적성(適性)을 분별하고 수리(水利)를 일으키고, 기구(器具)를 만들어서 인력을 덜게 하고, 곡식을 심고 가꾸는 일과 가축(家畜)을 기르는 방법을 가르쳐서 농업(農業)을 돕는 사람도 있을 것이니, 이러한 사람들은 그 공로가 어찌 팔을 걷어 올리고 힘들여 노동하는 사람에게 비교할 바이겠는가. 1일의 역사(役事)를 10일로 기록하고 10일의 역사를 100일로 기록하여 그 양곡을 분배해 주는 것이 옳으니, 선비에게 어찌 분배가 없을 수 있겠는가.

田論(전론) 6

전지(田地)는 10분(分)의 1을 세(稅)로 받는 것이 법(法)이니, 세를 가볍게 하여 10분의 1을 다 받지 않는 것은 맥(貊)의 도(道)이고, 세를 무겁게 매겨 10분의 1이상을 받는 것은 걸(桀)의 도(道)이다.

이제 곡식 1백 두(斗)를 수확하는 전지에 대해 공가(公家)에 바치는 세(稅)는 5두에 불과하니 이는 20분의 1을 받아가는 셈이고, 사가(私家)에 바치는 세는 50두이니 이는 바로 10분의 5인 셈이다. 이리하여 공가(公家)는 대맥(大貊)이 되고 사가(私家)는 대걸(大桀)이 되었으므로, 국가는 가난하여 지탱하지 못하고 백성은 궁핍하여 자급 자족하지 못하게 되니, 이는 대체 무슨 법을 따른 것인가.

겸병(兼并 남의 토지를 빼앗아 차지함)하는 호가(豪家)들을 다 없애고 10분의 1의 세법(稅法)을 시행한다면 국가와 백성들이 모두 부유해질 것이다. 그러나 10분의 1의 세는 쉽게 말할 수 없으니, 장차 연사(年事)의 풍년과 흉년을 비교하여 그 세를 올리고 내릴 것인가? 이는 오직 정전(井田)만이 할 수 있는 것이요, 여전(閭田)은 그렇게 할 수가 없다. 토지의 비옥함과 척박함을 살피고 곡식 수확의 많고 적음을 헤아려서 몇 해 동안의 중(中)을 비교하여 일정한 것으로 삼고, 그 총액(總

額)을 일정하게 하여 증가하거나 경감하지 못하도록 하고, 오직 큰 흉년(凶年)에만 그 세(稅)를 임시로 빌려 주었다가 큰 풍년(豐年)을 만나서 수량에 의하여 배상(賠償)하게 한다면, 국가에서는 일정한 수입이 있게 되고, 백성들에게는 일정한 공납(供納)이 있게 됨으로써 모든 난(亂)이 함께 다스려질 것이다.

흉년에 백성들이 세(稅)의 감면(減免)을 한없이 희망하는 것은 그것이 영구히 면제되기를 바라는 것이니, 풍년이 들 경우 다시 배상(賠償)하는 일이 있는 줄을 안다면 세금 면제받는 것을 한없이 희망하지 않을 것이고, 세금 면제받는 것을 한없이 희망하지 않는다면 간사와 거짓이 일어나지 않을 것이다. 다만 산이 무너지고 내의 둑이 터져서 먼 훗날에 이르도록 개간(開墾)되지 못할 것에 대해서는 영구히 세금을 면제해 줄 뿐이다. 그러나 물을 대고 황지(荒地)를 개간하며 나무를 베어 내고 돌을 뽑아 내어 전지로 만든 것도 또한 몇 10년 만에 한 번 등록(登錄)만 된다면, 저 산이 무너지고 내의 둑이 터져서 영구히 세금이 면제된 것도 또한 배상(賠償)하게 될 것이다.

공가(公家)의 세(稅)가 10분의 1인데, 국가(國家)의 재용(財用)은 이미 배로 증가되었으니, 녹봉(祿俸)을 후(厚)하게 주지 않을 수가 없다. 이제 이미 사가(私家)의 겸병(兼并)하는 전지가 없어졌는데, 또 따라서 그 녹봉을 박하게 준다면 나라에는 관리(官吏)가 될 사람이 없을 것이다. 그들로 하여금 위로는 부모를 섬길 수 있고 아래로는 처자를 기를 수 있으며, 또 족당(族黨)을 구휼(救恤)하고 빈객(賓客)을 접대하고 노복(奴僕)을 양육하고 제택(第宅)을 높게 짓고 의복(衣服)과 말[馬]을 화려하게 갖출 수 있도록 한 다음에야 조정(朝廷)에서 벼슬하기를 원하는 사람이 있을 것이다.

田論(전론) 7

옛날에는 군사[兵]를 농민(農民)에게 소속시켰는데, 지금 여전(閭田)의 법을 시행한다면 그 군사를 마련하는 데에 더욱 좋게 될 것이다.

국가의 제도에 군사는 두 가지의 용도(用途)가 있는데, 한 가지는 대오(隊伍)를 편성하여 국가 변경(邊境)의 변(變)에 대비하는 것이고, 또 한 가지는 군포(軍布)를 거두어서 경성(京城)의 군사를 양성하는 것이니 이 두 가지는 폐할 수 없는 것이다.

대오(隊伍)를 편성한 병졸(兵卒)은 항상 맡아 거느리는 사람이 없으므로 장수와 병졸이 익숙하지 못하여 서로 쓰임이 되지 못하니 어찌 군대가 될 수 있겠는가.

지금 여(閭)에는 여장(閭長)을 두어 그를 초관(哨官)으로 삼고, 이(里)에는 이장(里長)을 두어 그를 파총(把摠)으로 삼고, 방(坊)에는 방장(坊長)을 두어 그를 천총(千摠)으로 삼고, 이장(里長)은 대려(大閭)의 장(長)에게 이를 겸임(兼任)하게 하고, 방장(坊長)은 이장 중에 현능한 사람을 가려서 겸임하도록 하되, 녹봉(祿俸)은 이중으로 받지 못한다. 읍(邑)에는 현령(縣令)을 두어서 그로 하여금 통제(統制)하게 한다면 전지(田地)가 마련되어 군사는 그 가운데 있게 될 것이다.

사람들이 스스로 전지를 가져서 각기 그 개인(個人)의 일을 사사로이 처리하기 때문에 기강(紀綱)이 서지 않고 명령이 시행되지 않았는데, 이제는 십구(十口 10명의 식구(食口)의 생명이 여장(閭長)에게 달렸으므로, 1년 내내 분주하게 다니면서 여장(閭長)의 절제(節制)를 받게 되니 이들로써 군사를 삼으면 전진하고 후퇴하는 것이 군율(軍律)과 같이 된다. 어째서 그렇게 되느냐 하면 평소부터 가르치고 익혀왔기 때문이다.

대략 1려(閭)의 백성을 가지고 그 율(率)을 셋으로 나누어서, 그 한 부분은 호정(戶丁)을 내어 대오(隊伍)를 편성하는데 응하게 하고, 그 두 부분은 호포(戶布)를 내어 군수(軍需)에 응하게 하여 역정(役丁)의 많고 적은 것으로써 그 호포를 가감하게 한다면, 장정(壯丁)을 찾아 모아서 충군(充軍)시키는 폐단은 또한 금방 없어질 것이다.

君의 天은 民이요 民의 天은 食이라

근년에 상국(相國) 이병모(李秉模)가 평안도 관찰사(平安道觀察使)로 있을 적에 중화부(中和府) 한 부(府)에다 호포법(戶布法)을 시행한 결과, 부민(府民)들이 서로 모여서 부르짖어 울므로 그 일이 드디어 중지되었다.

대저 국가에서 법을 시행할 적에는 귀하고 친근한 사람으로부터 시작되는 것인데, 영(令)이 지위가 낮고 소원(疎遠)한 사람으로부터 시작된다면 서로 모여서 부르짖어 울지 않을 사람이 없을 것이니, 시행되겠는가.

여전(閭田)의 법을 시행하여 효제(孝悌)의 의리를 밝히고, 상서(庠序 향리(鄕里)에 있는 학교(學校)임)의 가르침으로써 규율화(規律化)하여, 백성들로 하여금 자기 어버이를 친애하고 어른을 어른으로 잘 섬기도록 한다면 호포(戶布)의 법은 저절로 시행될 것이다.

찾아보기

타

파

하

君의 天은 民이요 民의 天은 食이라

2009년 8월 5일 초판 인쇄
2009년 8월 14일 초판 발행

저 자 / 김영욱
발행자 / 오판근
발행처 / 교우사

주 소 / 서울 동대문구 제기2동 148-19
전 화 / 925-2861(代), 편집부 / 925-2825
팩 스 / 925-2860
E-mail / kyowoo@kyowoo.co.kr
http://www.kyowoo.co.kr

등록 / 1994. 3. 24 제6-0256호

ISBN 978-89-8172-807-6 (03520)

값 11,000원